Inge Büttner-Vogt

Spiel & Spaß mit Hund
Beschäftigungsideen für zu Hause und unterwegs

KOSMOS

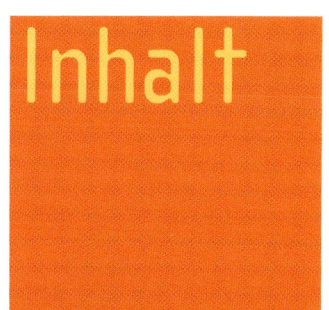

Inhalt

Spiele für drinnen 72

30 Übungen für Zuhause

Service

**Darf ich vorstellen?
Mein Name ist Shadow**
> 6

**Ein herzliches Danke-
schön geht an ...**
> 7

**Unterwegs ohne
Langeweile**
> 8

Der Weg ist das Ziel
Spiele für unterwegs und zu Hause

Geistig fit und
körperlich zufrieden
> 10

5 Regeln für ein gutes
Gelingen
> 20

Darf ich vorstellen?
Mein Name ist Shadow

Ein Hund ohne Aufgabe

Shadow, ein Hütehund-Mix, wurde aus Zeitmangel abgegeben, ist sehr kinderlieb und sehr menschenfreundlich.

Als wir ihn mit zweieinhalb Jahren übernommen haben, war er sehr aggressiv und hatte einen starken Kontrolltrieb. Wenn mein Mann und ich uns umarmen wollten, ging er dazwischen, um eine offensichtlich bevorstehende Beißerei im Keim zu ersticken.

Draußen stürzte er sich auf jeden Hund, stellte sich vor mich, war oft in Raufereien verwickelt und besonders an der Leine angriffslustig.

Bei den ersten Spaziergängen verschwand er plötzlich im Wald und kam erst nach einer Viertelstunde wieder zurück.

Voneinander lernen

Ich erkannte jedoch seine hohe Intelligenz und sein Vermögen, auf Körpersprache und feinste Signale zu reagieren. So begann ich mit ihm zu arbeiten und lernte sehr viel von ihm: Meine deutliche und genaue Körpersprache, die wir gemeinsam immer mehr verfeinerten, führte dazu, dass er heute rund fünfzig Signale versteht. Wie Shadow mir das beigebracht hat? Ganz einfach: Wenn ich undeutlich bin, bellt er ein unmissverständliches „Häh?" und zwingt mich dazu, den Lehrstoff zu überarbeiten.

Die Idee zum Buch

Die Idee zu diesem Buch hatte ich, weil Shadow mich zu immer neuen Übungen anregt. Durch die gemeinsame Arbeit und geistige Auslastung wurde er immer gelassener und toleranter. Ich musste

nicht die einzelnen Schwächen behandeln, sondern begann, ihn zu führen. Zwar versucht er mir immer einmal zu widersprechen, ist aber hundefroh, wenn ich bei meiner Meinung bleibe.

Warum erzähle ich Ihnen das?

Weil ich Ihnen zeigen will, dass die geistigen Leistungen eines Hundes schier unerschöpflich und nach oben offen sind. Ich möchte Sie dazu anspornen, sich selbst und Ihren Hund herauszufordern. Shadow und ich möchten Ihnen auf den folgenden Seiten zeigen, wie schnell man mit ganz kleinen Übungen Vertrauen zueinander aufbauen und sich aufeinander verlassen kann. Ein Gefühl, das kein Hundehalter und kein Hund missen sollte.

Ein herzliches Dankeschön geht an ...

1 Loretta Mayer mit Gina

Vor über zehn Jahren hat mich Loretta gebeten, Gina zu helfen. Das hat damals gut geklappt und wir sind seitdem befreundet.

2 Jutta Sundermann mit Chip und Arusha

Jutta hat eine großartige Leistung vollbracht, erst einen, dann zwei sture Dalmatiner auf den rechten Weg und zum Arbeiten zu bringen. Wie? Sie ist noch sturer! Deshalb hat Jutta auch mein Buch gelesen und mir viele wertvolle Tipps gegeben.

3 Ulla Kemper mit Ronja

Ronja und Ulla haben sehr viel Freude aneinander. Ulla hat mein Buch mit den Augen einer Germanistin gelesen. Alles, was sie nicht verstanden und angestrichen hat, habe ich versucht, verständlicher zu formulieren.

4 Norbert Vogt

Mein Mann Norbert war froh, als das Buch endlich fertig war. Ich nicht so, weil ich festgestellt habe, dass er viel ordentlicher ist als ich. Was hat er in dieser Zeit alles gestemmt! Er hat mir im Haushalt und Garten viel abgenommen, war noch mehr für mich da und ist immer lieb und geduldig geblieben.

5 Hans Werwatz

Hans hat hervorragende Fotos für dieses Buch gemacht, die alle Übungen verdeutlichen, wie ich es mir vorgestellt habe. Dabei musste er die Übung, den Ausdruck des Hundes, das Licht, die Umgebung und meine Eitelkeit immer im Auge behalten.
Für diesen Spagat mit Salto-Überschlag ein ganz herzliches Dankeschön. Und: Alle Fünfe von Shadow!

Unterwegs ohne Langeweile

Sie haben mit Ihrem Hund eine Hundeschule besucht oder ihn selbst trainiert. Sie wissen um den Zauber von extraguten Leckerchen, wenn Sie eine neue Übung einführen wollen. Sie wissen auch, dass man einen Hund nicht zutexten sollte, und das versuche ich auch mit Ihnen – kurze, knappe Anweisungen für Sie und viel Körpersprache für Ihren Hund sind Trumpf.

Für wen ist dieses Buch?

Es ist für alle Hundebesitzer, die viel allein oder mit anderen spazieren gehen und trotzdem bei ihren Hunden eine gewisse Langeweile festgestellt haben (bravo) und nun gerne wissen wollen, wie man ihr entgegenwirkt (so ist brav). Und es ist für alle, die Lust haben, mit ihrem Hund zu arbeiten. Die Übungen sind auch für Hunde geeignet, die nur an der Leine gehen dürfen. Hier eignet sich eine 5-m-Feldleine.

Was ist dieses Buch nicht?

Es ist kein Lehrbuch für den Grundgehorsam, den man mit „Sitz, Platz, Bleib, Fuß und Leinegehen" beschreibt.

Wann können Sie diese Spiele anwenden?

Sie sind für jeden täglichen Spaziergang geeignet, lebenslang und in unerschöpflichen Kombinationen. Es gibt Übungen während Ihrer Hausarbeit, damit Sie immer in Bewegung bleiben. Hunde brauchen gar nicht immer das Neue, sondern freuen sich, wenn wir Gelerntes abrufen und sie für ihre Leistung loben.

Für welche Hunde ist dieses Buch?

Es ist für alle gesunden Hunde, die das Welpenalter (ab dem 4. Monat) hinter sich haben. Prüfen Sie bei den Rassemerkmalen, ob einzelne Übungen für Ihren Hund eventuell schädlich sind. Berner Sennenhunden zum Beispiel sollte man keine anstrengenden Sprünge abverlangen. Nicht alle Rassen haben Lust, Spiele auf einer Parkbank zu machen, aber alle Rassen haben Lust, Leckerchen zu fangen, zu suchen und zu finden. Auch ältere oder leicht behinderte Hunde blühen auf, wenn sie etwas tun dürfen. Probieren Sie es aus.

Tipp

Mein Versprechen

Sie werden mit einem zufriedenen Hund nach Hause kommen, der viel zu müde ist, um sich noch zu mucksen, wenn Sie ohne ihn ins Kino wollen.

Für wen ist dieses Buch nicht?

Es ist nicht für Menschen, die beim Spaziergang telefonieren, die schlechten Schulnoten der Kinder, Kochrezepte oder Friseurtermine im Kopf haben. Auf keinen Fall ist es für Hundebesitzer, die sagen: „Das will mein Hund nicht, dazu ist er zu faul." Wenn das alles nicht auf Sie zutrifft: Prima, dann sollten Sie dieses Buch sofort lesen.

Welchen Sinn hat das Buch?

Wir erkennen, dass der Weg das Ziel ist, die Beschäftigung der Sinn und Ungeduld Unsinn. Viele Menschen, die sich einen Hund zulegen, ahnen nicht, welche hohen Ansprüche Hunde stellen, und sind damit überfordert. Bellen, Beißen, Anspringen und Unarten aller Art bis hin zur Beißattacke können Folgen von geistiger Unterbeschäftigung sein. Erleben Sie das Hochgefühl, wenn Ihr Hund Sie versteht, Ihnen folgt und freudig mitspielt. Mit diesen Übungen bleiben Sie und Ihr Hund in Bewegung. Dieses Buch wird Ihre Erziehungskompetenz stärken.

Jutta ruht sich nach Arbeit, Spiel und Spaß mit ihren Hunden Chip und Arusha aus – Zeit für Zwiesprache und ein paar Schmuseeinheiten.

Was haben Sie davon?

Gesundheit, denn Sie machen das, was alle Ärzte raten: Sie bewegen sich an der frischen Luft. Sie arbeiten geistig und konzentrieren sich auf ein Lebewesen. Sie haben dabei Spaß und entspannen sich. Hunde wirken blutdrucksenkend und beruhigend. Sie stärken unser Immunsystem. Natürlich nur, wenn sie uns nicht nerven. Aber daran wollen wir ja arbeiten.

Was müssen Sie einpacken?

Nichts, außer ein paar besonderen Leckerchen, die es nie für nix gibt! Wie wäre es mit kleinen Stückchen Geflügelwurst oder Käse?

Geistig fit und körperlich zufrieden

Es gibt viele Gründe, sich einen Hund anzuschaffen. Doch die wenigsten wissen genau, was auf sie zukommt und welche Bedürfnisse ein Hund an seinen Halter stellt. Wir holen uns einen Freund ins Haus, der eine andere Sprache spricht, der uns sehr schnell durchschaut und seine eigenen Wege geht, wenn wir es versäumen, eine Bindung aufzubauen.

Shadow bringt seine Frisbee-Scheibe zurück. Nur körperlich und geistig ausgelastete Hunde sind zufrieden und sehr ausgeglichen.

6 Gründe für die Anschaffung eines Hundes

> Ich habe mir einen Hund geholt, damit ich rauskomme.
> Ich möchte einen Hund, der einfach nur so mitläuft.
> Die Kinder wollten einen Hund, nun habe ich ihn am Hals.
> Meine Kinder sollen mit einem Hund aufwachsen.
> Meine Familie hat ihn mir zu Weihnachten geschenkt, damit ich mich mehr bewege und etwas für meine Gesundheit tue.
> Wir haben einen Westie geholt, weil unsere Möbel weiß sind.
> Meine Kinder sind aus dem Haus, jetzt kann ich all meine Liebe dem Hund schenken.

Sie merken, dass dies nicht gerade die besten Gründe für die Anschaffung eines Hundes sind und meist auch Probleme mit sich bringen. Der Hund bellt viel, beißt, läuft weg, hört nicht, kann nichts und belastet seinen Besitzer, weil er nur an den Nerven zerrt. Es kann aber auch sein, dass er depressiv wird, durch die Gegend schleicht und nichts mehr vom Leben erwartet.

Es geht auch anders

Der Hund ist ein hoch entwickeltes soziales Rudeltier. Er ist sehr intelligent und lechzt nach Rangordnung und Bildung. Setzen Sie Zeit, Lust und Spieltrieb ein, um ihm das zu geben, was er braucht: Respekt, Schutz und Erziehung. Dann ist er an Ihrer Seite, weil Sie es sich verdient haben. Es ist ein Naturerlebnis, wenn mein Hund sich gegen den anderen Hund für mich entscheidet. Wenn er bei mir bleibt, anstatt zu jagen. Wenn er, bevor er eine eigene Entscheidung (gegen meine Erwartungen) trifft, mich ansieht. Das setzt auf beiden Seiten jede Menge Glückshormone frei.

Auslauf ist nicht nur zum Laufen da

Auslauf ist das, was den meisten Hundebesitzern ein schlechtes Gewissen bereitet. Neudeutsch „auspowern" ist das, was man bei seinem Hund am liebsten sieht: Hinterher liegt er in seiner Ecke und schläft, ohne noch etwas zu wollen.

Dafür lassen wir ihn in unserem großen Garten allein herumlaufen, fahren mit ihm Rad, damit er „richtig" läuft,

lassen ihn mit anderen Hunden wild spielen, ohne ihn ein einziges Mal zu uns zu rufen,

joggen mit ihm, ohne ihn zu beschäftigen,

oder gehen drei Stunden spazieren und unterhalten uns angeregt mit den anderen Hundebesitzern, ohne auf die Hunde zu achten.

Wir wundern uns, dass er trotzdem nicht zufrieden ist, viel bellt, jagt, unser Seidenkleid zerbeißt und unsere Schuhe umgestaltet. Viele Hunde reagieren auch – trotz aller Bewegung – mit Langeweile und Depressionen. Was will uns der Hund damit sagen?

Ich glaube nicht, dass ein Hund je auf die Idee käme „spazieren zu gehen", um sich das kostbare Fett mutwillig abzulaufen, das er sich gerade für Hungertage angefressen hat.

Er weiß nichts von den Supermärkten, die Futter in Fülle bereithalten. Er frisst für den Augenblick. Viele Hunde sausen wie die geölten Blitze nach dem Füttern durch die Wohnung – was will er uns damit denn noch sagen? Richtig: Er holt die Jagd nach, die er nicht gehabt hat. Vielleicht ließen sich auch einige Krankheiten vermeiden, wenn wir uns mehr über die Bedürfnisse unseres Hundes Gedanken machten.

Sheyla ist schon etwas älter, hat aber immer noch Spaß an abwechslungsreichen Spaziergängen (oben).

Ty, Gymmli und Nero legen eine flotte Runde Toben ein (unten). Auch solche Spieleinlagen sind immer wieder wichtig.

Hunde-Stunden

Wenn ich mit meinem Hund draußen bin, gehört die Stunde ihm – zwei am Tag sollten es schon sein. Wenn es einmal weniger ist, nimmt Shadow es hin, weil bestimmt auch wieder bessere Zeiten kommen. Ich werde allerdings seine Geduld nicht strapazieren, denn er erträgt geduldig Haus- und Gartenarbeit, Hundefrisör und Buchschreiben. Ich mache mir keine Gedanken, ob er genug „Auslauf" hatte, sondern ich mache mir Gedanken darüber, ob ich seine Fähigkeiten genug gefördert, seinen Geist ausreichend trainiert und ob ich seine „Stunde der Jagd" zufriedenstellend ausgefüllt habe. Dann gehen wir beide „richtig" ausgelastet nach Hause. Er macht ein Schläfchen, und ich gehe allein auf die Jagd in den Großmarkt, von dem Shadow nur träumen kann.

Auslastung ist keine Last

Schon bei der Wahl der Rasse sollten wir uns fragen, ob wir den „Berufswunsch" des Hundes, für den er gezüchtet wurde, erfüllen können oder ob wir ihn ständig unterdrücken müssen, wie zum Beispiel bei Jagdhunden den Jagd- oder bei Hütehunden den Hüteinstinkt. Sie argumentieren vielleicht: „Aber wir haben einen großen Garten, da kann er laufen und springen, das reicht ihm." Reicht ihm das wirklich? Stellen Sie sich vor, Sie sind ein arbeitsloser Spezialist für hoch qualifizierte Feinarbeit in den Naturwissenschaften. Sie könnten Ihre Talente den Menschen zur Verfügung stellen, aber keiner ruft sie ab. Sie müssen täglich dasselbe Buch lesen und denselben Weg gehen. Sie drohen zu verkümmern und wehren sich. Sie zerreißen das Buch, demonstrieren lautstark und machen auf Ihre Fähigkeiten und Bedürfnisse aufmerksam.

Gartenhund gleich armer Hund

Sehen Sie sich die Gartenhunde an: Allein gelassen jagen und verbellen sie jeden, der vorbeigeht. Ein toller Erfolg! Jedes Mal ist es ein Gewinn, den Feind in Person des Briefträgers vertrieben zu haben. Es regnet Glückshormone im Körper. Der Hund wird sich diese Selbstbelohnung immer öfter und aggressiver verschaffen. Eine Verhaltensstörung ist oft nicht mehr aufzuhalten. Machen Sie es besser. Spielen und arbeiten Sie mit Ihrem Hund. Respektieren Sie ihn als geistig hoch entwickeltes, soziales Rudeltier.

Körpersprache – eine Sprache, die Hunde verstehen

Stellen Sie sich vor, jemand wirft Sie über einem fremden Land ab, dessen Sprache Sie nicht verstehen. Man schreit Sie mit „Ding-dong" an. Dann befiehlt man Ihnen laut und mit strengem Blick und indem man sich weit über Sie beugt: „Pitz, pitz!" Sie schauen ängstlich, ziehen die Schultern zusammen, machen sich klein, kratzen sich am Kopf und lecken sich über die Lippen. Sie geben sich alle Mühe, aber niemand lobt Sie. Da erscheint ein „Menschenflüsterer" in der Menge. Er lächelt, er geht rückwärts, lädt Sie mit der Hand ein, mitzukommen, weil Sie mitten auf der Straße stehen. Er führt die Hand an den Mund und meint „trinken" – er zeigt Ihnen deutlich wie ein Schauspieler mit seinem ganzen Körper viele Signale, die Sie sofort verstehen können. Er führt fast ein Tänzchen auf, sagt die Worte einzeln laut und deutlich dazu. Sie sind immer mehr in der Lage, diese seltsame Sprache durch Hinschauen zu verstehen. Mit Ihrer Körpersprache können Sie Ihrem Hund alles beibringen. Mit Zupfen, Ziehen, Wegdrehen, Leinenrucken und gerunzelten Brauen – so gut wie nichts. Die Übung „GOO" (siehe S. 47, 92) zeigt, was gemeint ist.

Bindung basiert auf Vertrauen

Das ist ein Wort, das man in allen Hundebüchern liest: Bauen Sie Bindung zu Ihrem Hund auf.

> Bindung ist, wenn Ihr Hund trotz aller Ablenkungen zurückkommt.
> Bindung ist, wenn Ihr Hund Sie ansieht, wenn ein anderer Hund entgegenkommt.
> Bindung ist, wenn ein Reh oder ein Hase wegspringen und Ihr Hund bei Ihnen bleibt.
> Bindung ist, wenn in der Küche der Sonntagsbraten hinunterfällt, Ihr Hund Sitz macht und Sie (mitleidig) ansieht – für Labradore eine Höchstleistung!
> Bindung ist, wenn Ihr Hund Ihnen zeigt, dass er erkannt hat, dass Sie ihn beschützen, leiten und mit ihm spielen. Er kennt feste Strukturen.
> Bindung ist, wenn Ihr Hund den Tag verschläft und nichts fordert, wenn es Ihnen körperlich schlecht geht.
> Bindung ist, wenn er Sie aufscheucht, wenn Sie aus Faulheit nur so tun als ob…
> Bindung zeigt, dass Sie seine Instinkte verstanden haben und Ihr Hund Sie als Rudelführer anerkannt hat.

Mit Bindung erreichen Sie, dass er es nicht nötig hat, an der Leine zu ziehen, zu raufen, wegzulaufen oder sich vor Ihrer Hand zu ducken. Bindung ist aber auch, dass Sie Ihren Hund nie mit anderen vergleichen. Sie sind ihm von Herzen dankbar, respektieren seine Eigenarten und freuen sich täglich an dem Glück, einen, und zwar diesen Hund zu haben.

Bindung basiert auf Vertrauen. Kann sich Ihr Hund auf Sie verlassen, wird er Ihnen auch überallhin freudig folgen und die Übungen gern ausführen. Hier stimmt das Vertrauensverhältnis.

Die mentale Leine

Die mentale Leine ist Ihr geistiges Band, Ihre Ausstrahlung, Ihre Energie, Kraft und Konzentration, die Sie in die Arbeit mit Ihrem Hund investieren.

Der Test

Versuchen Sie mit Ihrem Hund eine Übung und denken Sie an etwas ganz anderes: Er wird Ihnen etwas „husten" oder Sie anbellen. Auf jeden Fall wird er die Übung nicht ordentlich ausführen.

Denken Sie: „Das macht mein Hund nicht", dann macht er es jetzt auch nicht. Denken Sie: „Das kann mein Hund gar nicht", dann kann er es wirklich nicht.

Jede Ihrer geistigen Abwesenheiten und Unsicherheiten werden sich auswirken, indem Ihr Hund genau das spiegelt, was Sie in diesem Moment verkörpern. Die mentale Leine darf bei der Arbeit nie abreißen. Auch wenn wir uns unterhalten, haben wir immer einen Gedanken und ein Auge bei unserem Hund. Wenn wir mit ihm üben, formen wir die Übung im Kopf und setzen unsere Körpersprache ein, um ihn anzuleiten. Diese hohe Konzentration lässt uns bei einiger Übung sofort merken, wo der Hund ein Problem hat und wie wir es lösen können. Während der Arbeit mit Ihrem Hund haben Sie keine Zeit, um an andere Dinge zu denken. Ihre Sorgen warten am Auto auf Sie, deshalb genießen Sie die Zeit. Entspannen Sie sich. Tauchen Sie ein in die wunderbare Welt der Hunde, die bereit sind, mit uns zu arbeiten. Kein anderes Tier will das, die meisten fliehen vor uns und haben recht.

Leckerchen sind der Zugang zum Lernzentrum des Hundes.
1 So bitte nicht: Der Hund springt hoch.

2|3 Bitte so: Zita erhält das Leckerchen im Kommen für das zügige Herankommen.

4 Und für ein ganz sauberes SITZ – das ist Timing!

Generalisieren von Dingen

Wenn Sie einem Hund beibringen, eine Treppe hinaufzugehen, kennt er ab sofort diese Treppe. Er kann aber an einer anderen wieder unsicher reagieren – er generalisiert (verallgemeinert) nicht: Eine Treppe ist nicht gleich alle anderen Treppen.

Aus diesem Grund kann es auch nicht funktionieren, wenn ich Ihrem Hund etwas beibringe, und Sie erwarten, dass er es sofort auch bei Ihnen kann. Blinde zum Beispiel müssen erst vom Ausbilder des Hundes lernen, wie man mit dem neuen tierischen Helfer arbeitet. Zuerst muss der Blinde die Signale von mir lernen, mit denen ich den Hund für ihn geschult habe und sich mit ihm anfreunden.

Deshalb ist es wichtig, dass wir unsere Hunde selbst mit viel Geduld an alles heranführen, was in unserem Leben vorkommt: Familienangehörige, Kinder aller Altersstufen, öffentliche Verkehrsmittel usw.

Negative Verknüpfungen

Wird Ihr Hund von einem schwarzen oder weißen Hund gebissen, kann es sein, dass bei ihm alle schwarzen oder weißen Hunde im Gehirn als Gefahr abgespeichert werden. Auch andere, für den Hund unangenehme Ereignisse können sich so fest einprägen, dass man oft nicht weiß, wo man ansetzen kann. Wir können nur entgegensteuern, indem wir vorausschauend spazieren gehen. Das heißt, wir lassen unseren Junghund nicht ungebremst auf einen (angeleinten!) Althund zulaufen, sondern rufen ihn zu uns und prüfen die Situation. Schützen Sie Ihren Hund und machen Sie eine Übung daraus: Rufen Sie ihn grundsätzlich erst einmal zu sich, wenn Hunde oder Passanten kommen. Der nicht zu unterschätzende Nebeneffekt ist Ihr persönlicher Schutz, wenn er zu Ihnen kommt und bei Ihnen bleibt!

Shadow wird mit deutlicher Körpersprache trainiert: Erst DOWN, dann hole ich ihn mit aufwärts steigendem Arm ins SITZ, um ihn abzurufen. Schonen Sie seine Gelenke: Nicht aus dem Platz abrufen!

In 0,5 Sekunden ist alles vorbei

Sie haben genau 0,5 Sekunden, um Ihren Hund für ein richtiges
Verhalten zu belohnen. Es ist das absolut zeitgleiche Belohnen und
Bestärken einer Handlung des Hundes, die wir fördern, das heißt
öfter erleben wollen. Nur durch das richtige Timing ist der Hund in
der Lage zu erkennen, was wir von ihm wollen.

Beispiel: Sie wollen fördern, dass Ihr Hund von vorn auf Sie zukommt.
Er erhält das Leckerchen und das Lob beim Ankommen im Laufen.
Wedeln Sie dagegen mit den Armen, schwingen das Leckerchen auf
und ab und reden auf ihn ein, wird Ihr Hund Sie höchstens bellend
anspringen. Sie rufen: „Nein, nein!", lassen das Leckerchen fallen,
Ihr Hund stürzt sich darauf, Sie auch – und er hat nach dieser Aktion
gelernt, dass Sie unfähig sind, ihn zu führen.

Das Timing erfordert von uns jede Menge Disziplin: Was will ich, wie
will ich es, wie bringe ich es meinem Hund bei?

Ich stehe gerade, lächle,
zeige deutlich SITZ, und
Shadow „spiegelt" meine
Körpersprache.

Aufbau von neuen Übungen

Wie schnell Sie vorgehen können, hängt davon ab, ob Ihr Hund
schon gelernt hat zu lernen. Ich gehe bei der folgenden Erklärung
davon aus, dass Sie nichts wissen, und bitte dies zu entschuldigen.
Sie können bei allem Neuen immer gleich vorgehen.

1. Machen Sie den Kopf frei, hohe Konzentration ist erforderlich,
   geistige Verbindung herstellen, Ihren Spieltrieb ankurbeln – halb-
   herzig und ungeduldig wird nichts klappen. Denken Sie an Ihre
   Körpersprache, weniger reden ist mehr.
2. Rufen Sie Ihren Hund und lassen Sie ihn neben sich sitzen (egal,
   ob mit oder ohne Leine).
3. Lassen Sie ihn am Hindernis schnuppern.
4. Zeigen Sie ihm das Leckerchen mit der rechten Hand (das ist der
   Preis).
5. Gehen Sie zügig auf das Hindernis zu und zeigen Sie Ihrem Hund
   mit ganzem Körpereinsatz, was Sie von ihm wollen: Klopfen Sie
   auf die Bank, ziehen Sie ihn mit einem Leckerchen unter der Bank
   durch, sparen Sie nicht mit Jubel, wenn er Ihnen folgt.
6. Dann geben Sie ihm das Leckerchen genau nach Beendigung der
   Übung, die Sie fördern wollen.
7. Machen Sie zur Entspannung ein Ball- oder Leckerchenspiel.

Es klappt nicht?

Überprüfen Sie Ihre Körperhaltung: Hatten Sie einen schlaffen Arm? Haben Sie sich nicht genug auf Ihren Hund konzentriert? Haben Sie langweilige Leckerchen? Probieren Sie es noch lebendiger mit viel Schmackes, gehen Sie aus sich heraus, werden Sie fröhlich (es guckt schon keiner). Der Hund verallgemeinert nicht. Wenn Sie wollen, dass Ihr Hund einen Eimer, eine Person oder ein Verkehrsschild umrundet, trainieren Sie es immer neu an. Dann brauchen Sie nach ein paar Übungen nur auf etwas Gegenüberliegendes zu deuten, und er rennt freudig drum herum.

Kein Lernen unter Stress

Es wird sehr viel geschrieben und geforscht, um den sogenannten „Beschwichtigungssignalen" auf die Spur zu kommen. Lesen Sie alles, informieren Sie sich, aber noch besser: Beobachten Sie Ihren Hund genau!

Nicht alle Anzeichen bedeuten gleich Stress. Angelegte Ohren können ruhige Unterordnungsbereitschaft signalisieren. Wenn die Augen dabei aufgerissen werden und die Haltung geduckt ist, kann es auch Angst sein. Wie auch immer: Denken Sie nicht lange nach: Holen Sie Ihren Hund sofort aus der Stimmungslage heraus!

Tipp
Leckerchen

Zuerst gibt es viele „L" für neue Übungen. Dann geben Sie nur jedes zweite Mal ein „L". Dann warten Sie, ob Ihr Hund Ihnen etwas Neues zeigt. Dann wieder eines, wenn er seinen Stil verbessert. Für nix gibt's nix. Bleiben Sie spannend! Ich nehme inzwischen keine „L" mehr mit. Meine Zuwendung, Sport und Spiel sind Shadows Belohnung.

Ihr Hund leckt sich weit über die Nase

Beide Hunde (Finn & Shadow) lecken sich weit über die Nase und haben den Blick kurz abgewendet. Man erkennt sofort: Hoppla, sie sind verunsichert.

Ich greife zum Spielzeug oder spreche meinen Hund freundlich an oder greife zum „L" und lenke ihn sofort ab.

Ihr Hund duckt sich, wenn Ihre Hand kommt

Lassen Sie Ihre Hand bei sich, gehen Sie rückwärts und locken Sie Ihren Hund mit einem „L" zu sich. Vielleicht haben Sie ihm beim Anleinen zu viel ins Genick gegriffen – das mögen Hunde gar nicht. Bewegen Sie sich langsam, legen Sie ein paar „L" auf den Boden. Bald wird er Anleinen mit Futter verknüpfen und nicht mehr mit kneifenden Fingern. Rubbeln Sie seine Ohren nicht als Lob, da gehen die meisten Hunde rückwärts und wenden den Kopf ab. Er merkt an Ihrer begeisterten Körpersprache und am „L", dass Sie sich freuen.

Er sieht weg, wenn Sie etwas wollen

Lächeln Sie, arbeiten Sie an Ihrer Geduld. Gehen Sie rückwärts (nicht auf Ihren Hund zu) und sprechen Sie freundlich, flirten Sie. Zwinkern Sie mit den Augen und sehen Sie Ihren Hund nicht unmittelbar an. Zeigen Sie, dass Sie ein netter, spielfreudiger Mensch sind.

Signale, die eine Jagd ankündigen

Ihr Hund merkt Ihre Unaufmerksamkeit: Sie unterhalten sich, Ihr Vierbeiner geht weit hinter Ihnen oder er läuft weit vorn. In beiden Fällen ist es unmöglich, den Beginn des Jagens mitzubekommen. Würden Sie genau hinschauen, könnten Sie an Ihrem Hund erkennen, dass

> er beginnt, in der Luft zu wittern – sofort anleinen!
> er in den Wald oder ins Feld starrt – unverzügliche Ablenkung ist notwendig mit SCHAU MAL oder in die andere Richtung laufen.
> er sich kurz nach Ihnen umsieht, ob Sie reagieren (Sekundenbruchteil) – hier wäre noch Zeit einzuwirken, aber Sie unterhalten sich gerade.
> er beginnt, mit der Nase am Boden in Schlangenlinien zu schnuppern – hier hält man nur noch gut erzogene Hunde mit trainiertem Abbruchsignal von der Jagd ab.

Ist er doch einmal entwischt, beginnen Sie bitte nicht nach ihm zu schreien. Ihr Hund hat alles abgeschaltet, außer seinem Jagdgehirn. Wenn er nun auch noch durch Ihr Schreien weiß, wo Sie sind, kommt er noch weniger.

Leinen Sie ihn in wildreichem Gebiet an, am besten, Sie beschäftigen sich mit ihm. Sonst haben wir eines Tages wegen wenigen unvernünftigen Menschen Leinenzwang.

5 Regeln für ein gutes Gelingen

Bevor Sie mit dem Spiel beginnen, sollten wir noch auf ein paar wenige Regeln eingehen. Sie erleichtern die Übungen und tragen zum Erfolg maßgeblich bei. Außerdem helfen Sie Ihrem Hund, schneller zu verstehen, was von ihm verlangt wird.

Tipp

Freuen, Loben, Leckerchen

FLL = Freuen, Loben, Leckerchen

Die meisten Hunde mögen es nicht so gern, wenn man sie während der Arbeit anfasst oder intensiv streichelt: Sie wenden den Kopf ab oder entziehen sich der Hand. Respektieren Sie es und freuen Sie sich mit Worten und einem tollen Leckerchen.

Fit und gesund

Eine halbe Stunde geistige Arbeit fordert den Hund wie eine Stunde Spazierengehen. Beschäftigung ist ein guter Einstieg in Problemlösungen. Es ist schade um Ihr Verhältnis, wenn Sie Bello wortlos ableinen und ihn von sich weg schicken. Machen Sie etwas gemeinsam. Ihr Hund hat heute den ganzen Tag geduldig auf Sie gewartet. Seien Sie spannend und interessant, dann läuft er auch nicht weg, sondern lacht Sie an und findet Sie toll. Außerdem bleibt er gesünder und geistig fit. Lassen Sie Ihren Hund nur mit anderen Hunden spielen, „verwildern" seine geistigen Fähigkeiten sehr schnell.

Spieldosis

Tun wir am Anfang vor lauter Begeisterung viel zu viel, kann es sein, dass er in die Leine beißt oder zu Hause unruhig ist und die Wohnung zerlegt. Dann hatte er beim Spielen Stress – also bitte die richtige Dosierung herausfinden. Am Anfang reicht eine der Übungen pro Spaziergang. Es muss nicht ständig etwas Neues eingebaut werden. Steigern Sie langsam die Anforderung, Sie haben ein ganzes Hundeleben Zeit. Bei Stress werden sogenannte „Stresshormone" in der Nebenniere gebildet. Der Blutzuckerspiegel steigt, was eine Störung des Immunsystems bewirken kann.

Nix für nix

Füttern Sie Ihren Hund niemals direkt vor dem Spaziergang, damit er gut auf Leckerchen reagiert und nicht mit vollem Magen tobt. Das könnte die gefährliche Magendrehung auslösen.Lassen Sie ihn für sein Futter arbeiten, denken Sie: nfn (nix für nix). Sie bekommen für Ihre Leistung Lohn und Gehalt. Auch ein Hund kann sich sein Futter verdienen. Es ist viel spannender, sein Futter zu erjagen, auf der Wiese zu suchen und für etwas Neues zu erhalten. Warten Sie öfter mal ab, was Ihr Hund Ihnen zu bieten hat und belohnen Sie es mit einem „L". Am Arbeitsplatz nennen wir das „Verbesserungsvorschläge".

Der Chef bin ich

Betreuen und begleiten Sie Ihren Hund bis zum Schluss jeder Übung und schicken Sie ihn dann voran, damit Sie beide eine Denkpause haben. Bleiben Sie Chef oder Chefin: Sie beginnen und beenden eine Übung. Seien Sie ruhig ein bisschen stur, das macht nichts. Sturheit kann man auch im täglichen Leben gut gebrauchen. Lassen Sie den Hund nicht entscheiden, wie eine Übung ausgeführt wird. Setzen Sie mit liebenswerter Konsequenz durch, dass die Aufgabe sauber erfüllt wird. Arbeiten Sie, wenn der Hund sie kann, ruhig ein bisschen mehr Perfektion heraus – vervollkommnen Sie auch Ihre Eleganz.

Lob zur richtigen Zeit

Nuscheln Sie das Lob nicht und quietschen Sie nicht mit hoher Stimme. Lächeln Sie, zeigen Sie Freude, applaudieren Sie Ihrem Hund. Kurz: Loben Sie ihn für alle Versuche so, dass die Leute denken, Sie sind albern, dann ist es gut. Ganz wichtig: Bestärkung einer perfekten Handlung geht nur in 0,5 Sekunden, das ist ein bisschen schneller als sofort. Also: Hat Ihr Hund etwas gemacht, das Sie sich in Zukunft häufiger wünschen, muss er das Leckerchen zeitgleich dafür bekommen. Bitte machen Sie dann sofort etwas anderes, damit sich der Hund den letzten „Vollzug" merkt und nicht unwillig wird.

Spiele für draußen
32 Übungen auf dem Spaziergang

1 Raus aus dem Auto

Ort: Parkplatz, zu Hause, überall dort, wo wir mit dem Hund das Auto verlassen.

Beginn eines jeden Spaziergangs: Verkehrssicher aus dem Auto springen.

Mit HOPP aus dem Auto

Sie fahren auf den Parkplatz und öffnen die Heckklappe. Ihr Hund bleibt mit SITZ und BLEIB darin sitzen. Kann er es nicht, schnallen Sie ihn bitte an – auch zu Ihrer Sicherheit.

Erst wenn er sich ganz entspannt hat, darf er mit HOPP und SITZ aus dem Auto springen, damit er keine Radfahrer oder Jogger ummäht. Doch noch haben Sie ihn an der Leine.

Sie fragen, wann der Hund entspannt ist? Beobachten Sie ihn: Zuerst ist er auf dem Sprung, er strebt vorwärts, hat die Ohren hochgestellt. Wenn Sie stur genug sind, setzt er sich irgendwann auf einen seiner Po-Backen und zwinkert mit den Augen. Dann darf er raus.

Sind alle Autos außer Überfahrweite, leinen Sie Ihren Hund langsam ab, er bleibt sitzen, und erst auf Ihr VORAN darf er sich entfernen und seinen großen und kleinen Geschäften nachgehen, damit er für alle Übungen schön leer, leicht und geschmeidig ist …

Tipp

Rücksichtnahme

Nehmen Sie bei allen Übungen auf Spaziergänger, Sporttreibende, Leinenhunde (!) und Besserwisser Rücksicht. Lassen Sie Ihren Hund auf niemanden einfach zulaufen, sondern behalten Sie ihn immer bei sich. Ihre Mitmenschen und Mithunde werden es Ihnen danken.

Juttas Hunde, Chip und Arusha, warten geduldig, bis das Zeichen zum Aussteigen kommt. Vor dem Auto: SITZ, dann kann nichts passieren.

Ihr Hund bellt Sie in Grund und Boden?

Bleiben Sie stur, wirklich stur, und ich meine stur! Erst wenn er die Klappe hält, geht's raus. Nehmen Sie sich ruhig etwas Spannendes zum Lesen mit – Sie haben Zeit.

1. Ihr Hund bellt: Sie machen die Tür wieder zu.
2. Er bellt nicht, die Tür geht auf.

Wenn Sie das zwei- bis dreimal durchziehen, gebe ich Ihnen mein Ehrenwau darauf, dass Sie allen Lesestoff zu Hause lassen können. Geben Sie sich ruhig eine Woche Zeit. Diese Übung geht jeden Tag besser. Steigt er ruhig aus dem Auto, ist er schon eingestimmt – er ahnt: Juhu, ich darf arbeiten, Frauchen bzw. Herrchen quatscht nicht nur, sondern tut was mit mir!

Es klappt nicht? Kann es daran liegen?

> Sie sind nicht stur genug! Wenn Ihr Hund plärrt, machen Sie die Klappe wieder zu – wortlos, ignorieren Sie das Verhalten Ihres Hundes. Sagen Sie wirklich nichts.

> Er hat noch gebellt und Sie haben die Klappe wieder geöffnet. Falsches Timing, falsche „Belohnung"! Die Klappe geht erst auf, wenn er still ist, und zwar in diesem Moment.

> Sie haben zu viel Mitleid, dass Ihr Hund sich ins Fell machen könnte. Stehen Sie es durch – es lohnt sich.

Der Spaziergang beginnt zu Hause

1. Leinen Sie Ihren Hund hinter der geschlossenen Haustür im Sitz an.
2. Halten Sie ihn hinter sich und vermeiden Sie, dass er zuerst durch die Tür geht. Dies hat weniger mit Ihrer Chef-Funktion zu tun, als mit einem Sicherheitsritual für den Hund.
3. Öffnen Sie die Tür und sichern Sie das Gelände, ob keine Autos oder „Monster" in Sicht sind.
4. Nehmen Sie Ihren Hund kurz und BEI FUSS. Lassen Sie ihn nicht nach vorn preschen (Kläff-Gefahr, weil er alle „Monster" vertreiben muss und Sie wieder einmal nicht merken, wie gefährlich die Welt ist).
5. Lassen Sie ihn unbedingt an der Straße SITZ machen.
6. Suchen Sie die „Lösestelle" auf und lassen Sie ihn frei, nachdem er SITZ gemacht hat.
7. Auf dem Rückweg leinen Sie ihn bitte rechtzeitig an, ehe Autos kommen. Denken Sie an SITZ an der Straße und vor der Haustür.

Wichtig

Sicherheit

Besonders bei unsicheren Hunden ist es wichtig, dass wir führen, d. h. dass wir den Hund beschützen. Deshalb versuchen wir vor dem Hund aus dem Haus zu gehen, um den Beginn des Spaziergangs zu ritualisieren und ihm Sicherheit zu geben. Später können wir ohne Bedenken auch die Führung einmal abgeben.

Rücksichtnahme auf andere

Tipp

Abschirmen

Ist Ihr Hund vor Ihnen, kann er ungehindert bellen. Schirmen Sie ihn dagegen mit Ihrem Körper ab, hat er keine Sicht mehr auf das sich nähernde Objekt und auch keinen Grund mehr zu bellen. Beim ersten Mal ist es noch etwas schwierig, aber versuchen Sie es immer wieder.

Ihr Hund hat seine Geschäfte erledigt. Es kommen die ersten Kinderwagen, Hunde an der Leine, Jogger, Reiter und Besserwisser. Wir zeugen allen Respekt und legen oder setzen unsere Hunde am Wegesrand ab (PLATZ und BLEIB oder SITZ und BLEIB). Immer? Ja immer, auch bei Besserwissern. Wir ernten, wenn wir Glück haben und die Jogger ihre Sache nicht so doggenernst nehmen, ein Dankeschön und ein Lächeln.

Früher hatten wir folgenden Dialog: „Können Sie Ihren Köter nicht an die Leine nehmen?" – Sie sagen: „Der tut nix, der will nur spielen", und wenn er den Jogger anhüpft, besabbelt oder freudig apportiert, kommt das Sahnehäubchen der überflüssigen Kommunikation: „Das hat er ja noch nie gemacht!" Das darf nicht sein – ab sofort nie mehr. Rücksicht ist erste Hundehalterpflicht, sie ist die Vermeidung der Hundehalterhaftpflicht-Inanspruchnahme.

In der Ruhe liegt die Kraft

Haben Sie einen Hund, der Spaziergänger und Jogger anbellt, dann können Sie das sehr schnell kurieren:

1. Lassen Sie ihn rechtzeitig (= lange bevor er bellt und die Muskeln anspannt) SITZ machen, sobald ein „Objekt" in Sicht ist. Warten Sie nicht ab, ob er es diesmal wieder tut, sondern gehen Sie auf jeden Fall zuerst einmal davon aus.
2. Schirmen Sie Ihren Hund mit dem Körper ab, schauen Sie niemals zum „Objekt", sondern behalten Sie ihn im Auge, damit er nicht in diesem Augenblick der Unaufmerksamkeit hinter oder zwischen Ihren Beinen durchbellt.
3. Geben Sie ihm Leckerchen, bis das „Objekt" vorbei ist. Halten Sie die Leine locker.
4. Wenn Sie schnelle Objekte mit Futter verknüpfen, wird Ihr Hund Sie bald ansehen, wenn ein ULO (unbekanntes Laufobjekt) in der Ferne auftaucht.

Es klappt am besten, wenn Sie konzentriert auf Ihren Hund sind, und „Ausfall-Bestrebungen" nicht dulden. Warten Sie nicht ab, ob er „es" tut, sondern rechnen Sie damit, dass er „es" auch diesmal tut.

1|2 Ich schaue nicht zu den „ULO'S", sondern schirme Shadow ab und konzentriere mich auf ihn.

3 Ein zuverlässiges PLATZ und BLEIB auf Entfernung erspart einem viel Aufregung. Vor allem, wenn wilde Radfahrer plötzlich auftauchen.

Es klappt nicht? Kann es daran liegen?

> Sie schwatzen oder konzentrieren sich nicht auf Ihren Hund (geistige Leine, siehe S. 15).
> Sie verlangen mal SITZ und mal nicht – Ihr Hund hält Sie für unzuverlässig und ignoriert Sie.
> Sie kramen nach Ihrem Autoschlüssel, lassen den Hund nicht SITZ machen und treten nicht auf die Leine. Sie lassen ihn unkontrolliert herumlaufen: Sofort vergeht er sich an einem Jogger, der Sie ab sofort nicht mehr grüßt.

Im Bogen vorbei

In der Hundewelt gehört es zum guten Ton, niemals frontal aufeinander zuzugehen und sich anzustarren. Wenn Hundebesitzer ihre Hunde an der Leine aneinander vorbeizerren, bedeutet das oft Ärger. Bei einer Hundebegegnung, die höflich abläuft, regeln es die Hunde selbst: Man schaut weg und geht einen Bogen. Man zeigt damit dem anderen, dass man keine Auseinandersetzung will.
Jungspundhunde glotzen gern einen älteren, vielleicht überlegenen Hund an. Es gibt einen Scheinangriff, dem die Menschen dann mit Schimpfen begegnen. Es geht auch anders und leiser.
Machen Sie sich die Höflichkeit der Hunde zunutze! Auch wir machen um viele Dinge einen großen und weiten Bogen, um uns Unannehmlichkeiten zu ersparen. Lassen Sie es grundsätzlich immer zu, wenn Ihr Hund einen Bogen gehen will.

1 So weiterzugehen bedeutet Konflikt.

2 Jutta nimmt Chip auf die andere Seite.

3 Beim Vorbeigehen sind unsere Körper dazwischen.

4 Geschafft: Wir kommen friedlich aneinander vorbei.

Wichtig

Führungsqualitäten

Ihr Hund weiß, dass Sie ihn vor allen Monstern (z. B. Traktoren) beschützen. Er muss weder kläffen noch ziehen, weil Sie ein Top-Rudelführer sind. Wenn Ihr Hund aber vorn geht, Sie beschützen und warnen muss, kann er das nur mit Bellen, Ziehen und Knurren tun. Er zeigt Ihnen damit seine Unsicherheit.

Bogengehen und Abschirmen

1. Sie sehen von Weitem (ca. 100 m) einen Hund an der Leine.
2. Sie machen Ihren Hund ebenfalls fest und gehen so, dass Ihr Körper Ihren Hund abschirmt.
3. Dazu müssen Sie ihn entweder rechts oder links nehmen.
4. Ziehen Sie auf keinen Fall die Leine fester, wenn das „Monster" näher kommt.
5. Lassen Sie die Leine locker hängen und machen einen Bogen zur anderen Seite – das sollte für Ihren Hund wie zufällig aussehen.
6. Ist es zu eng für einen Bogen, gehen Sie zur Seite, schirmen Ihren Hund ab und füttern ihn, während der andere Hund vorbeigeht (siehe S. 27, Foto 2).

Lob während der Arbeit

Viele Hundehalter wuscheln ihrem Hund beide Ohren als Lob: Lassen Sie es, wenn Ihr Hund rückwärtsgeht oder Ihnen den Kopf entzieht. Meist ist das Streicheln während der Arbeit für Hunde eher unangenehm. Besser ist FLL.

Unterschied zwischen Bestechung und Belohnung

Bestechung: Der Hund arbeitet nur für ein Leckerchen.
Belohnung: Er arbeitet und erhält dann ein Leckerchen, ein Spiel oder ein Lob.

3 | Drunter und drüber

Diese Übung können Sie gleich am Parkplatz durchführen. Hier finden Sie sicher Balken, niedrige Zäune oder Parkbänke, einfach etwas zum Überspringen: drunter und drüber (den Begriff kennen wir aus Politik und Haushalt). Aber bitte achten Sie auf ruhende Rentner.

Holzbarrieren-Training

Holzbarrieren sind für uns Hundebesitzer ideal. Kleine Hunde lieben es, darauf zu balancieren, große Hunde springen über alle Balken und gehen darunter durch.

1. Springen oder steigen Sie mit Ihrem Hund über den Balken, sagen Sie HOPP.
2. Ziehen Sie Ihre Hand mit einem „L" unter dem Balken durch und lassen Sie Ihren Hund folgen.
3. Kleine Hunde balancieren auf dem Balken. Aber Vorsicht: zuerst unterstützend festhalten.

Lassen Sie Ihren Hund bei den nun folgenden Übungen ganz in Ruhe an allen Orten und Geräten schnuppern. Er soll wissen, mit was er es zu tun hat, und Vertrauen entwickeln.

Parkbank-Training Schritt für Schritt:
Zwei Pfoten – das ist der Anfang (1). Kehrt (5) – Platz (7) – Down (8) – Steh (9) – Durch von vorn (11) und dann von hinten (12).

Parkbank-Training

Dies ist eine Übung, die auf keinem Spaziergang fehlen sollte. Vorsicht: Manche Bänke haben Sitzflächen mit Zwischenräumen. Hier kann sich der Hund die Pfoten klemmen. Bevorzugen Sie geschlossene Sitzflächen.

1. Gehen Sie mit Ihrem Hund zur Bank und locken Sie ihn mit einem „L" hinauf.
2. Geben Sie ihm auch das „L", wenn er nur mit zwei Pfoten auf der Bank steht.
3. Feuern Sie ihn an zu springen – seien Sie lebendig! HOPP!
4. Er ist oben – FLL.
5. Führen Sie ihn mit der Hand auf der Bank entlang und lassen Sie ihn am Ende mit dem Signal KEHRT wenden. Dazu legen Sie Ihre Hand an seine Wange und führen ihn herum.
6. Lassen Sie ihn SITZ machen.
7. Lassen Sie ihn PLATZ machen, indem Sie ein „L" vor seiner Brust hinunterziehen,
8. und DOWN, indem Sie den Kopf im Platz mit einem „L" noch etwas weiter hinunterziehen.
9. Sie können auch STEH verlangen, indem Sie stehen bleiben und Ihren Hund etwas unter seinem Bauch kraulen.
10. Sagen Sie AB und lassen ihn von der Bank springen.
11. Sagen Sie SITZ und BLEIB, gehen Sie um die Bank herum und ziehen Sie Ihre Hand mit DURCH und einem „L" unter der Bank durch. Ihr Hund soll der Hand folgen.
12. Lassen Sie ihn erneut sitzen, bleiben hinter der Bank stehen und schicken ihn unter der Bank durch.
13. Lassen Sie Ihren Hund sitzen und wischen Sie bitte die Bank ab.

Es klappt nicht? Kann es daran liegen?

> Sie gehen zu schnell mit den Übungen voran. Nehmen Sie sich Zeit. Auf einen Tag mehr oder weniger kommt es nicht an.
> Sie begleiten Ihren Hund nicht bis zum Ende der Übung. Sie schalten die „geistige Leine" nicht ein und glauben nicht an den Erfolg Ihres Hundes. Sie haben sich nicht gedanklich auf die Übung und deren Ablauf vorbereitet.

Wiederholen Sie die Übung immer wieder, auch an anderen Bänken. Der Hund verallgemeinert nicht, deshalb behalten Sie die Geduld mit dem Wissen, dass Sie viel für Ihre gemeinsame geistige Fitness tun.

5a

5b

5c

7

8

9

11

12a

12b

Drunter und drüber

4 Leckerchen fangen

Ort: Ein Klettergerüst oder zwei Bäume (ca. 2 m auseinander). Führen Sie Ihren Hund zwischen das Objekt, das Sie gewählt haben. Sagen Sie SITZ und BLEIB und werfen ihm ein „L" zu. Zuerst wird es hinunterfallen – macht nichts. Sobald er gelernt hat, mit dem Blick Ihrer Hand zu folgen, fängt er es im Flug.

Das „L" wurde durch die Frisbee-Scheibe ersetzt. Ich schicke Shadow „zurück", er bleibt im Sitz und fängt die Scheibe im Flug.

Fang-Training

1. Suchen Sie sich zwei Bäume. Sie sollten ca. 2 m auseinanderstehen.
2. Setzen Sie Ihren Hund mit SITZ und BLEIB dazwischen.
3. Gehen Sie einen Schritt rückwärts.
4. Zeigen Sie ihm das „L".
5. Achten Sie darauf, dass er es mit den Augen verfolgt. Gehen Sie dabei ganz langsam vor.
6. Werfen Sie ihm das „L" zu, er soll seine Position zwischen den Bäumen aber nicht verlassen.

7. Falls Ihr Hund noch kein SITZ und BLEIB kann, binden Sie ihn mit der Leine am Baum fest und gehen Sie nur höchstens zwei Schritte zurück.

Es klappt nicht? Kann es daran liegen?

> Ihr Hund läuft hinter Ihnen her. Führen Sie ihn wieder ruhig zurück an seinen Platz zwischen den Bäumen.
> Sie entfernen sich zu weit von Ihrem Hund. Ein Schritt für den Anfang reicht.
> Sie wedeln zu stark mit der Hand, sodass Ihr Hund zum Springen verleitet wird. Machen Sie langsam, wie in Zeitlupe, das ist für den Hund hoch spannend.
> Fängt Ihr Hund an zu bellen, dann beenden Sie die Übung. Sie sind zu schnell vorgegangen.

Übung für Fortgeschrittene

Ich stehe am Weg und schicke Shadow mit ZURÜCK und viel Körpersprache hinter das Klettergerüst. Dann werfe ich eine Frisbeescheibe über das Objekt – er fängt sie. Ich kann ihn auch mit deutlichen Armbewegungen nach links und rechts schicken. Dabei soll er nicht vor das Gerüst kommen.

5 Balancieren über Stämme

Ort: Am besten eignen sich Fichtenstämme. Sie haben eine raue, krallengriffige Rinde. Buche ist sehr glatt, also Vorsicht bei Nässe.

Das Balancieren auf (sicheren!) Holzstapeln und Baumstämmen ist sehr gesund für Gelenke, steigert die Fitness und Konzentrationsfähigkeit und trainiert die linke und rechte Gehirnhälfte. Die Leistung des Hundes können Sie an der Rute erkennen, die wie eine Balancierstange eingesetzt wird (nicht bei Boxern oder Bobtails). Sie können auch gern mitlaufen, wenn Sie die baldige Überlegenheit Ihres Hundes fürchten …
Die Rute schwingt heftig nach links und rechts und im Kreis, ähnlich wie unsere Arme, wenn wir balancieren.

Tipp
Auf die Breite kommt es an

Am Anfang vergessen die meisten Hunde ihre Hinterläufe mit auf das Hindernis zu nehmen und rutschen ab, weil sie im Balancieren nicht geübt sind. Fangen Sie deshalb bitte mit einem breiten rauen Stamm oder Holzstapel an.

Baumstamm-Training

1. Locken Sie Ihren Hund mit einem „L" auf den Stamm.
2. Sobald er zwei Pfoten darauf hat, geben Sie ihm das „L" mit einem freudigen Lob.
3. Er hat alle viere oben und läuft vorsichtig entlang – kein „L", damit er sich konzentriert und nicht dem „L" nachhechtet.
4. Begleiten Sie Ihren Hund, er soll langsam gehen.
5. Drehen Sie sich um und lassen Sie ihn – von Ihrer rechten Hand an seiner linken Wange geführt – sich langsam umdrehen (KEHRT) und auf dem Stapel weitergehen.

6. Drehen Sie sich erneut um, nehmen Ihre linke Hand an seine Wange, sagen KEHRT und führen Ihren Hund zurück.
7. Dann können Sie ihn SITZ und PLATZ machen lassen.

Übung für Fortgeschrittene

Shadow absolviert alle Übungen aus Entfernung. Auf VORAN geht er weiter; sage ich STOPP, setzt er sich hin. Ebenso geht STEH und KEHRT aus Entfernung.

Es klappt nicht? Kann es daran liegen?

> Sie gehen zu schnell vor; lassen Sie sich und Ihrem Hund Zeit.
> Sie sind zu weit weg vom Hund und führen ihn nicht. Resultat: Er prescht vor.
> Sie genießen nicht die kleinsten Fortschritte.
> Sie setzen zu viele „L" ein. Dadurch wird der Hund hektisch. Besser: „L" zeigen und wegstecken. Ihre Hand duftet noch. Mit der Hand zeigen, was Sie wollen, und bei „Vollzug" kommt der Preis.

Übung aus dem Katastrophenschutz

Nehmen Sie Ihren Hund einmal ausnahmsweise auf den Arm: Er sollte nicht zappeln und es gelassen hinnehmen. Am besten beginnen Sie damit schon beim Welpen. Aber auch ein erwachsener Hund lässt sich langsam und schrittweise daran gewöhnen. Setzen Sie ihn auf die Bank und beenden Sie die Übung mit dem Signal AB. Beachten Sie bitte die Rassemerkmale und das Gewicht Ihres Hundes.

> Shadow nimmt's gelassen, wenn er von Norbert auf den Arm genommen wird – er hat Vertrauen.

6 Baumstümpfe erklimmen

Ort: Alle Wälder. Die Förster sind so nett und lassen für uns Hunde-besitzer gern die Baumstümpfe stehen (na ja, vielleicht nicht nur wegen uns Hundebesitzern ...). Trotzdem sollten wir den nächsten Förster oder Jagdpächter freundlich grüßen, der vielleicht zurück-grüßt, weil Ihr Hund brav an Ihrer Seite sitzt.
Locken Sie Ihren Hund mit viel Körpereinsatz auf einen Baumstamm und lassen Sie ihn SITZ und am übernächsten Tag STEH machen. Dann sagen Sie wieder AB und VORAN – nur mal so als Wieder-holung. Haben Sie lächelnd und deutlich gelobt? Hat Ihr Hund Sie angesehen? Bravo!

Baumstumpf-Training

1. Nehmen Sie ein „L" und führen Ihren Hund zum Baumstumpf.
2. Locken Sie ihn auf den Stumpf.
3. Er springt darüber, zur Seite – dann hat er aber zwei Pfoten oben – juhu und „L".
4. Dickes FLL, wenn er vier Pfoten oben hat.
5. Der Weg ist das Ziel! Die Beschäftigung zählt, weniger das Er-gebnis, das kommt schon noch.

Zu zweit oder allein – überall gibt es „Waldspielzeug" – je unterschiedlicher desto spannender.

Übung für Fortgeschrittene

1. Sie schicken ihn von Weitem auf den Baumstumpf – HOPP.
2. Sie sagen von Weitem SITZ, dann STEH.
3. Zu Beginn der Übung sagen Sie sofort STOPP, wenn er zwei Pfoten auf dem Baumstumpf hat.
4. Dann HOPP für vier Pfoten.

Die Übung für Fortgeschrittene ist gar nicht so schwer, weil viele Hunde beim nächsten Spaziergang schon von Weitem den Baumstumpf ansteuern. Dann müssen Sie nur noch die Signale geben.

Es klappt nicht? Kann es daran liegen?

> Sie wedeln unkoordiniert mit den Händen – achten Sie auf Ihre Körpersprache.
> Sie sind unklar, sie reden zu viel und zeigen zu wenig.
> Sie sind zu ungeduldig; versuchen Sie dasselbe morgen noch einmal.

Tipp

Die Welt erkunden

Auf Ihren Ausflügen begegnen Ihnen die verschiedensten „Spielgeräte". Gehen Sie mit offenen Augen durch die Welt.

7 Umdrehen und gehen

Ihr Hund läuft voraus und achtet gerade gar nicht auf Sie. Drehen Sie sich um, gehen Sie in die andere Richtung. Wichtig: Nicht rufen! Kommt er angewetzt und schaut Sie an? FLL!
Schaut er zu Ihnen auf? Bravo, gratuliere! Er hat erkannt, dass es sich lohnt, bei Ihnen zu bleiben, und dass Sie ein spannendes Rudelmitglied sind.
Kommt er nicht? Schnuppert er weiter und Sie sind ihm völlig schnuppe? Dann rufen Sie ihn, freuen sich und geben ihm ein „L", wenn er ankommt, also noch im Laufen (siehe S. 14). Lächeln Sie unbedingt, obwohl Ihnen vielleicht überhaupt nicht danach ist. Es klappt bestimmt etwas später, wenn Ihr Hund verstanden hat, wie viele Ideen Sie plötzlich haben. Strengen Sie sich mindestens vier Wochen an. Schon nach dem dritten Spaziergang wird der Hund aufmerksamer – wetten? Mit dieser Übung lernt Ihr Hund auf Sie zu achten, auch, wenn Sie nicht rufen. Dreht er sich zu Ihnen um, werfen Sie in diesem Augenblick ein Leckerchen vor sich: SUCH SCHÖN.

Nachlauf-Training

1. Vielleicht haben Sie bisher den Fehler gemacht, dass Sie den Hund nur gerufen haben, wenn ein „Ereignis voraus" war. Das weiß er, weil unsere Stimme leicht hektisch wird. Er sieht sich ebenfalls um und ist entschwunden.
2. Jetzt rufen Sie ihn immer einmal wieder, ohne Grund. Geben Sie ihm beim Herankommen etwas Gutes.

Es klappt nicht? Kann es daran liegen?

> Sie haben wieder an etwas anderes gedacht.
> Sie runzeln die Stirn, wenn er nicht gleich kommt. Geben Sie sich die Schuld und lächeln Sie Ihren Hund an.
> Sie haben beim Rufen einen Schritt auf Ihren Hund zugemacht – das klappt in den meisten Fällen nicht. Gehen Sie rückwärts oder bleiben Sie stehen.

Test: Rufen Sie Ihren Hund und gehen Sie in seine Richtung. Er bleibt stehen, sieht sich um, sieht Sie weitergehen und geht auch voran. Rufen Sie ihn und gehen rückwärts oder bleiben stehen. Und?

8 Hinter mir

Ort: Überall, wo Leute auf uns zukommen, die wir als Übungsobjekt verwenden können.

Au, da vorn kommt der Besserwisser von neulich. Ausgerechnet jetzt, wo wir auf dem schmalen Weg sind. Macht nichts: Wir nehmen ein „L", halten unsere beiden Hände an den Po und sagen HINTER MIR. Der Hund geht hinter Ihnen, frisst Ihnen das „L" – LANGSAM! – aus der Hand und beachtet den Besserwisser heute nicht; gut gemacht!

Wiederholen Sie die Übung. Sagen Sie SITZ mit abgewandtem Blick vom Hund. Klappt's? Super!
Klappt es nicht: Drehen Sie sich ein bisschen zum Hund um. Sobald er wieder Ihren Blick merkt, geht's auch. Na bitte! Weiter üben, bis er die Signale (SITZ und PLATZ) auch einmal (ausnahmsweise) hinter Ihrem Rücken macht.

Rücken-Training

1. Zeigen Sie dem Hund ein „L".
2. Gehen Sie los, nehmen Sie die Hände an den Po, bis er hinter Ihnen geht.
3. Sagen Sie HINTER MIR und lassen sich das „L" aus Ihren Händen fressen.
4. Am Hindernis, an Menschen und Hunden vorbeigehen.

Es klappt nicht? Kann es daran liegen?

Einen Fehler kann man dabei eigentlich keinen machen – oder doch? Wenn Sie beim Besserwisser ankommen und haben kein „L" mehr in der Hand, springt Ihr Hund ihn an – Sie wissen aber, dass Sie schuld sind, und der Besserwisser weiß es auch.

9 Balken-Training

1. Nehmen Sie Ihren Hund zuerst an die Leine.
2. Arbeiten Sie langsam, erst einmal mit „L".
3. Springen oder steigen Sie mit Ihrem Hund gemeinsam über die Balken.

Chilly balanciert meisterhaft.

1|2 Shadow geht voran mit HOPP,

3 umrundet das Schild mit GOO (siehe S. 40),

4|5 und zurück zu mir mit HOPP.

3 **4** **5**

Wichtig

Glücksmomente

Alles, was wir üben, dient auch dem Antijagdtraining. Wenn wir mit dem Hund draußen sind, gehört die Stunde ihm. Wenn Sie sich nicht mit ihm beschäftigen, wird er „selbst belohnend" allein jagen gehen.

Selbst belohnend heißt: Wenn er jagt, werden Glückshormone freigesetzt, deshalb wird er es immer öfter wiederholen wollen. Deshalb sorgen Sie selbst für diese Glückshormone.

4. Dann stecken Sie das „L" weg (Ihre Hand duftet noch).
5. Steigen Sie noch einmal darüber und sagen bei jedem Sprung HOPP.
6. Machen Sie am Ende eine flotte Wendung und sagen Sie wieder HOPP.
7. Gehen Sie über die Balken und lassen Ihren Hund dazwischen SITZ machen.
8. Gehen Sie über die Balken und lassen Ihren Hund nach jedem zweiten Mal SITZ machen.
9. Nehmen Sie Ihren Hund an die Leine und legen Sie mit ihm einen flotten Slalom um die Balken auf den Waldboden.

Es klappt nicht? Kann es daran liegen?

> Sie lassen Ihren Hund vorschießen – bestehen Sie auf eine gemeinsame Ankunft.
> Sie führen zu wenig – verstärken Sie Ihre Körpersprache.

Übung für Fortgeschrittene

1. Ich gehe zum Hindernis und bleibe dort stehen.
2. Ich schicke Shadow von mir weg HOPP, dann KEHRT.
3. Wieder zurück HOPP und SITZ.
4. HOPP und GOO um das Hindernis herum.
5. Diese Übung kombiniere ich immer wieder neu, sobald Shadow sich daran gewöhnt hat.
6. Gehen Sie auch mal am Hindernis vorbei – bleiben Sie spannend!

10 Pass auf

1. Gehen Sie zügig und stramm auf ein Verkehrsschild zu – zuerst an der Leine.
2. Tun Sie so, als wollten Sie linksherum gehen, wechseln plötzlich nach rechts und sagen PASS AUF, machen eine Körperdrehung und klopfen an Ihr linkes Bein.
3. Bello passt auf und geht mit Ihnen – Bravo! Und an lockerer Leine – noch einmal bravo!
4. Sie können das Verkehrsschild auch einmal ganz umrunden.
5. Umrunden Sie das Verkehrsschild einmal mit dem Hund außen und einmal mit dem Hund innen. Das macht wach und schult das Fußlaufen.
6. Wenn er sich gewickelt hat, lassen Sie Ihren Hund unbedingt zu Ihnen kommen – locken – entwickeln – neu anfangen.

Es klappt nicht? Kann es daran liegen?

> Sie gehen zu lasch auf das Verkehrsschild zu, der Hund prescht nach vorn und wickelt sich um das Schild.
> Sie haben den Hund nicht sauber BEI FUSS gehen lassen.
> Sie haben sich nicht genug konzentriert und sind mit dem Arm nach vorn gegangen, der Hund konnte ziehen und sich verwickeln.

1|2 Shadow geht zügig auf das Hindernis zu. Eigentlich würde er lieber geradeaus daran vorbeilaufen. Doch wir weichen nach rechts aus.

3|4 Er folgt bereitwillig – Frauchen wird schon wissen, was sie tut.

11 Kellner-Training

Ort: Diese Gelassenheitsübung können Sie in vielen Situationen gut gebrauchen und überall üben. Ich nenne Sie auch „Kellner-Übung": Ihr Hund bleibt liegen, wenn der Ober mit dem Essen kommt.

1. Wenn Ihr Hund liegt, nähern Sie sich langsam und kraulen ihn am Kopf.
2. Heben Sie Ihr Bein, aber noch ohne über Ihren Hund zu steigen – FLL, wenn er nicht aufsteht.
3. Setzen Sie Ihr Bein wieder ab und versuchen es erneut – testen Sie, wie weit Sie gehen können, ehe Ihr Hund zuckt.
4. Achten Sie darauf, dass sich Ihr Hund nicht bedroht fühlt.
5. Wenn er es zulässt, steigen Sie seitlich darüber (nicht mit der Fußspitze zum Hundekörper) – kraulen Sie ihn am Kopf.
6. Nehmen Sie sich – wie bei allen Übungen – Zeit.

Nach meiner Erfahrung lassen es Hunde mit spannenden Besitzern gelassen über sich ergehen.

12 Schau mal

Ort: Überall, wo es interessante Gerüche gibt. Ihr Hund schnuppert irgendwo voraus? Gut so.

1. Verstecken Sie, wenn Ihr Hund nicht guckt, das mitgebrachte Spielzeug. Vergessen? Macht nichts. Nehmen Sie ein „L" und legen Sie es auf den Boden.
2. Nun brechen Sie in Freudengeheul aus, beugen sich hinunter, zeigen auf die Stelle, kratzen am Boden und rufen: SCHAU MAL, wenn er angerannt kommt. Graben Sie es zusammen mit Ihrem Hund aus.
3. Lassen Sie es ihn mit SUCH SCHÖN vom Boden fressen.

Mit dieser Übung kann Ihr Hund vom Jagen abgehalten werden, wenn Sie interessant genug für ihn sind. Er wird denken:

„Soll ich hinter dem Reh her oder zu dem anderen Hund laufen oder lieber bei Frauchen oder Herrchen nachschauen, die bei SCHAU MAL immer so tolle Sachen mitten im Wald und auf der Heide finden?"

Es klappt nicht? Kann es daran liegen?

Das SCHAU MAL ist ein starkes Wort, das nicht zu oft gebraucht werden sollte. Eben nur dann, wenn wir ihn von etwas abbringen wollen. Das wirkt deshalb so gut, weil wir uns klein machen und am Boden kratzen – fast kein Hund kann da widerstehen.

> Starrt Ihr Hund in den Wald, sollten Sie blitzartig reagieren. Kommt er auf Ruf nicht zurück, sofort SCHAU MAL einsetzen.
> Bei dieser Übung sollte es schon ein besseres „L" sein, damit sich das Kommen auch lohnt.

Tipp
Schnelligkeit

Das erste Anzeichen zur Jagd ist das Schauen. Da haben Sie noch eine Chance, Ihren Hund abzurufen. Dann folgt das kreuzweise Schnuppern und Loslaufen. Deshalb müssen Sie schnell sein und Ihren Hund immer gut im Auge behalten.

13 Leckerchen – und ihr Einsatz

Ort: Auf einem Weg, im Wald, auf der Wiese, etc.

Leckerchen sind der Schlüssel zum Lernzentrum des Hundes, sie sind sein Lohn für geleistete Arbeit. Sie sollten sie oft, aber nicht übertrieben und ständig einsetzen. Und schon gar nicht für nichts, also einfach so.

1. Werfen Sie das „L" hinter sich: SUCH SCHÖN.
   Viele Hunde sehen das „L" zuerst gar nicht. Führen Sie den Hund mit dem Zeigefinger und Bodenberührung zum „L". Wenn Sie den Finger auf halber Höhe halten, sucht er nicht am Boden, sondern schnuppert in Richtung Finger. Auch die Nase muss wie eine Fremdsprache trainiert werden.
2. Lassen Sie Ihren Hund SITZ machen. Gehen Sie zwei Schritte zurück. Halten Sie das „L" zwischen Daumen und Zeigefinger. Lassen Sie Ihren Hund das „L" mit den Augen verfolgen – machen Sie langsam! Werfen Sie Ihrem Hund das „L" in Zeitlupe mit FANG zu. Gefangen? Super! Daneben? Weiterüben! Die Hunde lieben es.
3. Das „L" kommt gerollt – SUCH SCHÖN.
4. Gehen Sie mit Ihrem Hund kontrolliert auf die Jagd: Sagen Sie SITZ und BLEIB oder binden Sie ihn fest.

Sicher haben Sie eine Mäusewiese, wo Ihr Hund gern buddelt. Verstecken Sie „L" in den Löchern und decken Sie etwas Erde darüber. Nun kann das Spiel beginnen: SUCH SCHÖN. Begleiten Sie ihn, erkunden Sie mit ihm das Jagdrevier. Zeigen Sie auf die Löcher, wo Sie etwas versteckt haben. Aber lachen Sie nicht, wenn Ihr Hund Sie von der Seite anschaut und sich fragt, woher Sie plötzlich wissen, wie man jagt.

5. Auf einer gemähten Wiese: Lassen Sie Ihren Hund von jemandem festhalten oder binden Sie ihn an einen Baum.

   Schlurfen Sie auf dieser Wiese entlang und lassen nach jedem Meter ein „L" fallen.

   Legen Sie am Ende Ihre Tasche ab und legen ein „L" darauf. Machen Sie einen weiten Bogen um Ihre Fährte und gehen Sie zum Hund zurück.

   Helfen Sie, die „L" zu finden (SUCH SCHÖN), Finger am Boden. Wenn Sie an Ihrer Tasche angekommen sind – freuen und loben. Diese Such-schön-Übung lässt sich beliebig erweitern und erschweren – seien Sie kreativ! Vielleicht findet Ihr Hund eines Tages Ihre wirklich verlorenen Autoschlüssel oder Ihre Lesebrille.

   Rufen Sie Ihren Hund mindestens 20-mal mit HIER zu sich und geben Sie ihm etwas Gutes beim Ankommen ohne Sitz. (Psssst: Er bekommt so auch den doppelten Spaziergang.)

Snacks für zwischendurch

Sind gerade keine „Spielgeräte" in Sicht, rufen Sie ruhig einmal wieder eine Übung aus der Hundeschule ab. Aber bitte in homöopathischen Dosen und ohne Leinenruck! Achten Sie auf Ihren dynamischen Schritt (wenn Sie latschen, latscht auch Ihr Hund).

> Lächeln Sie und sprechen Sie freundlich auffordernd.
> Klopfen Sie an Ihr linkes Bein (wenn Sie ihn rechts führen – rechtes Bein).
> Folgt er Ihnen und sieht Sie an, ändern Sie plötzlich die Richtung.
> Und noch einmal, und noch einmal (Leine muss durchhängen!).
> Leinen Sie Ihren Hund ab – noch geht er bei Fuß.
> Schicken Sie ihn VORAN. Er will gar nicht von Ihnen weg? Gratuliere!
> Haben Sie einen Weg vor sich, gehen Sie im ZICKZACK weiter, weite Bögen, enge Bögen, klopfen Sie dabei an Ihr Bein und quittieren Sie jede Leistung mit einem Lächeln.
> Sparen Sie nicht mit FLL.

Ignorieren Sie es, wenn Ihr Hund etwas falsch gemacht hat. Überprüfen Sie Ihre Körpersprache und Ihre Signale: Sagen Sie zum Beispiel andauernd NEIN, dann trainieren Sie es sich bitte wieder ab. Denken Sie daran: Es liegt an Ihnen, wenn Ihr Hund etwas nicht versteht.
Kennen Sie das: Komm, geh die Treppe runter, komm, geh mach Sitz ... ich von mir auch. Wir schließen mit unserem Hund einen Vertrag: Wenn du ganz schnell meinen Signalen folgst, hast du deine Freiheit, und wir ziehen ohne Leine umher, ohne jemanden zu belästigen. Dabei haben wir beide jede Menge Spaß.

14 Nein, das ist nichts für dich

NEIN ist ein sehr hartes Signal. Es sollte freundlich, aber bestimmt gegeben und sofort befolgt werden, oder Sie nehmen als allgemeines Abbruchsignal (der Hund soll eine begonnene Handlung sofort abbrechen) ein anderes Wort, bei dem Sie auf keinen Fall die Stirn runzeln, zum Beispiel DANKE. Denken Sie ans Timing – sagen Sie nie NEIN, wenn Ihr Hund auf Sie zukommt.

1. Ihr Hund sitzt.
2. Legen Sie ein „L" auf den Boden und decken Sie es sofort mit der Hand ab. Vielleicht wird er bohren, kratzen, lecken, pföteln.
3. Sagen Sie NEIN und halten Sie ihn mit der Hand vom „L" fern.

4. Erst wenn sich Ihr Hund entspannt, das heißt, wenn er zurückgeht oder wegsieht, geben Sie ihm das „L" sofort aus der Hand (nicht vom Boden nehmen lassen!) mit einem riesigen Lob.

Das Antrainieren des NEIN auf Spaziergängen ist sehr wichtig, damit wir unseren Hund sicher von etwas Verdorbenem auf dem Weg abhalten können, das er fressen möchte.

Chef- oder Chefinnen-Übung

Alles, was zwischen Ihren Beinen liegt (Spielzeug, Stock, Ball usw.), ist tabu; sagen Sie NEIN, wenn er es nehmen will, treten Sie darauf, wiederholen Sie das NEIN. Er setzt sich hin, Sie machen einen Schritt zur Seite, loben wie toll, heben das Spielzeug auf und geben es ihm aus der Hand oder machen ein Spielchen mit ihm. Mit dieser Übung haben Sie die Chance, hinuntergefallene Dinge, die Ihr Hund auf keinen Fall haben darf, mit Darauftreten und einem NEIN zu retten. Sie kennen die Steigerungen?

AUS – der Hund hat Ihren besten Handschuh im Maul. PFUI – er gibt ihn auch im Tausch gegen alle Ihre „L" nicht mehr her, DICKES PFUI – er entfernt sich, um ihn zu zerkauen. Das GENERALPFUI wird verwendet, wenn er mit dem zerstörten Handschuh im Maul vor Ihnen herläuft, sich aber nicht einfangen lässt …

Seien Sie konsequent, lachen Sie nicht, wenn Ihr Hund Sie nicht ernst nimmt, schreien Sie nicht, wenn er nicht kommt oder einen Fehler macht. Ein guter Rudelführer verliert nie die Fassung und wird nie aggressiv.

15 Goo, goo

Ort: Wir umrunden alles, was uns im Weg steht, überall. Das ist die schönste und lustigste Übung von allen.
Herrchen, Frauchen, Erbtante, Holzstapel, Verkehrsschilder – alle sind gut zum Umrunden. Schicken Sie den Hund mit dem Signal GOO (englisch go = geh) um das Hindernis.

1. Beginnen Sie, indem Sie den Hund mit einem „L" und deutlicher Körpersprache umeinen niedrigen Stapel leiten (siehe S. 13).
2. Das „L" folgt genau bei der Umrundung.
3. Öfter wiederholen.
4. Einige Versuche später treten Sie einen Schritt zurück und schicken Ihren Hund mit einer Handbewegung herum und geben ihm dann das „L".
5. Bald schicken Sie ihn um Ihre Familie und alle Baumstämme herum. Bei der Erbtante sollte der Hund ihr beim Umrunden zublinzeln, damit sie Ihnen gewogen bleibt.

Es klappt nicht? Kann es daran liegen?
> Sie zeigen Ihrem Hund nicht unter vollem Körpereinsatz, was Sie von ihm wollen.
> Sie wedeln mit den Armen, ohne den Hund anzuleiten.
> Ihre geistige Leine hängt schlaff durch, Sie haben das Bild der Übung nicht im Kopf geformt.
> Zeigen Sie es immer wieder mit deutlich ausgestrecktem Arm und deutlicher Körpersprache. Lassen Sie nicht locker.

Tipp
Spiele gestalten

Spielen Sie und hören Sie auf, wenn es am schönsten ist, damit der Reiz erhalten bleibt. Sie beginnen ein Spiel und beenden es auch – bleiben Sie interessant.

Buffy lernt GOO an einem Schild. Das „L" kommt zeitgleich mit der vollendeten Umrundung.

16 Such Frauchen oder Herrchen

Ort: Überall auf dem Spaziergang. Diese Übung ist besonders für das Junghundetraining sehr wirkungsvoll.

1. Stellen Sie und Ihr Partner sich ca. 5 m auseinander, die Gesichter einander zugewandt. Kommt Ihr Hund noch nicht zuverlässig, arbeiten Sie mit der 5-Meter-Leine.
2. Der Hund sitzt bei einem von Ihnen. Diese Person sagt: SUCH FRAUCHEN (oder HERRCHEN), mit deutlicher Handbewegung in Richtung des Partners.
3. Der Partner ruft gleichzeitig HIER und hält ein „L" bereit. Gehen Sie zuerst ein bisschen in die Hocke, stehen Sie aber auf, wenn Ihr Hund auf Sie zukommt, sonst nützt er es vielleicht für ein respektloses Umrennen aus.
4. Geben Sie das „L", sobald er bei Ihnen angekommen ist und Sie anschaut. Loben Sie ihn auch mit der Stimme.

> Jutta und ich haben die Hunde getauscht. Sie sitzen. Wir rufen, und sie kommen unverzüglich zu uns (wer genau hinschaut, sieht den höflichen angedeuteten Bogen).

Entfernung ausdehnen

Sobald Ihr Hund sicher kommt, gehen Sie 10 bis 20 Meter auseinander. Lassen Sie sich mit der Entfernung Zeit! Diese Übung macht müder als normales Rennen, weil der Hund denken muss – Welpen und Junghunde bitte nicht überfordern. (Bei Welpen eine Entfernung von höchstens 5 bis 6 Meter und zwei Mal laufen lassen.)

Hundetausch

1. Tauschen Sie mit einer Freundin / einem Freund die Hunde aus.
2. Gehen Sie auseinander und nehmen Sie den anderen Hund mit.
3. Lassen Sie die Hunde neben sich sitzen. Geben Sie das Signal SITZ und BLEIB und leinen dann beide Hunde ab.
4. Dann rufen Sie gleichzeitig HIER. Kommen beide sofort zu Ihnen, ohne in der Mitte zu spielen? Toll! Bravo für Sie beide.

Wenn die Hunde in der Mitte gespielt haben und Sie nicht beachten, machen Sie diese Übung noch einmal in vier Wochen, wenn Sie sich ausgiebig mit Ihrem Hund beschäftigt haben und er Sie interessanter findet als andere Hunde. Beginnen Sie in ca. 5 Meter Abstand.

17 Wo bin ich?

Ort: Gegenden, in denen man sich verstecken und den Hund auch etwas länger gefahrlos suchen lassen kann.

Übungsaufbau allein mit Hund

1. Geben Sie das Signal SITZ und BLEIB.
2. Gehen Sie außer Sichtweite.
3. Rufen Sie SUCH SCHÖN.
4. Ihr Hund findet Sie und erhält FLL.

Kann Ihr Hund kein SITZ und BLEIB, dann verstecken Sie sich kurz hinter einem Baum, wenn er irgendwo interessiert schnüffelt und nicht auf Sie aufpasst. Machen Sie diese Übung nicht mit unter Trennungsangst leidenden Hunden oder Welpen, da sie evtl. in Panik geraten.

Übungsaufbau zu zweit mit Hund

1. Geben Sie Ihren Hund an Ihren Partner.
2. Sagen Sie SITZ und BLEIB. Ihr Partner hält den Hund fest, bis Sie sich versteckt haben – am Anfang bitte in der Nähe.
3. Ihr Partner leint den Hund ab und sagt SUCH FRAUCHEN (oder Herrchen oder den Vornamen). Ihr Hund sollte loswetzen und Sie suchen – ohne Zwischenstationen und Pinkelpausen. Freuen Sie sich riesig, wenn er Sie gefunden hat.

Wichtig

Richtig loben

Unterstützen Sie Ihren Hund bei jeder Übung, wenn er einen Schritt in die richtige Richtung macht. Er muss spüren, dass Sie sich freuen, und wissen, dass er alles richtig macht. Die meisten Hunde lassen sich durch ein Leckerchen am besten motivieren.

Sind Sie Ihrem Hund egal und er lässt Sie in Ihrem Verlies sitzen und geht lieber seiner Wege, dann arbeiten Sie erst einmal an seiner Aufmerksamkeit (Ü 7, S. 37). Wenn er merkt, was Sie für eine Mordskanone in Sachen Spiel und Spaß sind, sucht er Sie auch – darauf mein Ehrenwau.

Es klappt nicht? Kann es daran liegen?

Sollte Ihr Hund hektisch werden und hin und her rennen, erlösen Sie ihn mit einem Rufen. Hektische und aufgeregte Hunde haben einen hohen Stresspegel und lernen nichts mehr. Sollte Ihr Hund Sie gar nicht finden, dann treten Sie aus Ihrem Versteck heraus und rufen ihn erneut. Wählen Sie beim nächsten Mal ein etwas leichteres Versteck.

18 Bei Fuß aus Entfernung

Jutta gibt das Signal SITZ und BLEIB.
Chip und Arusha kommen auf Zuruf links und rechts an ihre Seite.

BEI FUSS auf der linken Seite

1. Geben Sie das Signal SITZ und BLEIB.
2. Gehen Sie ein paar Schritte,
3. klopfen Sie sich – ohne stehen zu bleiben – auf Ihren linken Schenkel und geben das Signal FUSS. Strecken Sie dabei die linke Hand

auf Nasenhöhe Ihres Hundes aus. Schön ist es, wenn Sie den Nasenkontakt (Stups) fühlen.

4. Gehen Sie ein Stück BEI FUSS, ehe Sie Ihren Hund wieder mit allen Ehren (Leckerchen und Lob) entlassen.

BEI auf der rechten Seite

1. Sagen Sie SITZ und BLEIB.
2. Gehen Sie ein paar Schritte,
3. klopfen Sie auf Ihren rechten Schenkel und sagen Sie BEI.
4. Strecken Sie Ihre rechte Hand auf Nasenhöhe Ihres Hundes aus.
5. Gehen Sie ein Stück BEI und loben ihn dabei.

BEI trainieren

1. Nehmen Sie Ihren Hund zuerst an die Leine.
2. Ihr Hund geht links BEI FUSS.
3. Holen Sie ihn mit der rechten Hand hinter Ihrem Rücken und einem „L" links ab und führen ihn an der Leine rechts hinüber.
4. Führen Sie ihn kurz mit dem „L" rechts, sagen BEI und geben ihm dann das „L".

Es klappt nicht? Kann es daran liegen?

Ihr Hund prescht vor und geht nicht BEI FUSS. Dann können Sie ihn auch hinter Ihrem Rücken nicht erreichen.

19 Sitz und Bleib außer Sicht

Wichtig
So gelingt die Übung

Ihr Hund sollte die Signale auf zwanzig Schritte Entfernung können. Führen Sie ihn geduldig zurück, wenn er Ihnen folgt. Dehnen Sie die Distanz täglich nur minimal aus. Sobald er sitzen oder liegen bleibt, versuchen Sie langsam außer Sichtweite zu kommen.

Bei dieser Übung gehen Sie um eine Kurve herum, außer Sichtweite – bitte denken Sie wieder an die Rücksichtnahme auf tief fliegende Radfahrer, Nordische Wanderer am Stock und Leinenhunde.

Abrufen aus dem Sitz

1. Geben Sie das Signal SITZ und BLEIB.
2. Gehen Sie langsam um die Ecke und zählen Sie bis zehn.
3. Rufen Sie Ihren Hund und loben ihn mit einem Luftsprung Ihrerseits (das hat er verdient). Luftsprung nur, wenn dem medizinisch nichts entgegensteht.

Abrufen aus dem Stand

1. Sagen Sie STEH und BLEIB.
2. Gehen Sie langsam um die Ecke.
3. Zählen Sie bis fünf.
4. Rufen Sie Ihren Hund und …

Ablegen

1. Sagen Sie PLATZ und BLEIB. Gehen Sie um die Kurve,
2. und wieder zurück, weil wir unseren Hund im Platz immer abholen.

20 Um Hilfe bitten

Bei dieser Übung legen Sie einen Gegenstand oder ein Leckerchen so ab, dass Ihr Hund es nicht erreichen kann. Lassen Sie ihn dann suchen. Er wird sicher einige Zeit selbst probieren, an den Gegenstand zu kommen. Doch irgendwann wird er Sie ansehen und um „Hilfe bitten". Diese Übung zeigt uns, dass unser Hund uns zutraut, dass wir an sein Spielzeug/„L" kommen. Manchen Hunden sind wir Menschen aber auch völlig egal. Sie springen sich die Läufe wund – und nur, weil sie uns nichts zutrauen.

Übungsaufbau
1. Suchen Sie sich etwas Hohes, hier ist es ein Baumstumpf.
2. Legen Sie das Spielzeug/Leckerchen so, dass Ihr Hund nicht drankommt. Er schaut dabei zu.
2. Entfernen Sie sich mit dem Hund ein Stück (BEI FUSS).
3. Lassen Sie ihn neben sich sitzen (SITZ).
4. Schicken Sie ihn voran mit SUCH SCHÖN.
5. Er wird ein- oder zweimal springen.
6. Dann wird er sich wahrscheinlich setzen und Sie anschauen.
7. In diesem Moment eilen Sie herbei, um zu „helfen" und zu loben.
8. Vermeiden Sie bitte, dass Ihr Hund zu viel springt. Rufen Sie ihm SITZ zu und geben Sie ihm dann das Leckerchen/Spielzeug.

21 Über Stock und über Stamm

1. Führen Sie Ihren Hund an den Baumstamm heran und
2. gehen Sie rückwärts vor ihm her.
3. Zeigen Sie nach links und dann nach rechts mit der jeweiligen Hand.
4. Ihr Hund soll Ihrer Hand folgen und langsam kreuzweise über den Baumstamm hin und her gehen.

Ich ermuntere Shadow, mit dynamischen Armbewegungen, mit allen Vieren über den Baumstamm zu springen.

Für Fortgeschrittene
1. Stellen Sie sich neben den Baumstamm.
2. Lassen Sie Ihren Hund vor sich absitzen.
3. Holen Sie weit und dynamisch aus, rudern Sie mit dem Arm nach links und dann nach rechts, sagen Sie HOPP, bis Ihr Hund mit allen Vieren in der Luft ist.

22 Nasenarbeit mit Stöckchen

Mit seiner guten Nase kann Ihr Hund unter vielen Hölzern das erkennen, welches Sie in der Hand gehalten haben.

Übungsaufbau
1. Heben Sie ein Stück Holz auf und lassen Sie Ihren Hund zusehen.
2. Umschließen Sie es mit der Hand und werfen Sie es zwischen andere Hölzer.

3. Helfen Sie Ihrem Hund am Anfang, indem Sie auf das weggewor-
fene Holz zeigen, damit er weiß, was er tun soll. Lassen Sie ihn
ruhig hinterherstürzen – er jagt gerade.
4. Geht er in die richtige Richtung – sofort loben. Schnuppert er am
richtigen Holz – sofort loben.
5. Nimmt er es ins Maul – ganz toll loben.
6. Na, und wenn er erst das richtige Holz bringt, kriegen Sie sich
nicht mehr ein vor Freude.

Übung für Fortgeschrittene

Hat Ihr Hund Ihren Geruch erkannt und die Übung verstanden, wird
er freudig suchen, auch wenn er nicht mehr sieht, welches Holz Sie
aufgehoben haben.
1. Heben Sie, ohne dass Ihr Hund es bemerkt, ein Stück Holz auf,
umschließen es mit der Hand und merken es sich.
2. Werfen Sie es dann zwischen andere Hölzer.
3. Rufen Sie Ihren Hund und lassen Sie ihn das Holz suchen: SUCH
SCHÖN.
4. Loben Sie ihn für seine tolle Nase (aber nur, wenn es das richtige
Holz ist).
Wiederholen Sie diese Übung zwei- bis dreimal auf dem Spaziergang
und tauschen Sie das Holz gegen ein „L".

Es klappt nicht? Kann es daran liegen?
> Sie gehen bei der Übung zu schnell voran.
> Halten Sie Blickkontakt zu Ihrem Hund und unterstützen Sie ihn
mit Zeigen, Deuten und fröhlichem SUCH SCHÖN.

Ich zeige Shadow das Holz und werfe es weg. Dann gebe ich das Signal SUCH SCHÖN. Wau, toll, es ist das Richtige.

23 | Slalom um Hindernisse

Für einen Slalom eignen sich besonders weit stehende Bäume, Poller oder auch Stangen.

1. Nehmen Sie Ihren Hund locker an die Leine und
2. führen Sie ihn an das Hindernis heran.
3. Gehen Sie BEI FUSS und klopfen Sie an Ihr linkes Bein (KOMM), dann drücken Sie ihn mit dem linken Oberschenkel (GEH) im Slalom um die Hindernisse.
4. Führen Sie ihn mit Leckerchen im Slalom.
5. Schicken Sie Ihren Hund mit der Handbewegung GEH und KOMM um die Hindernisse herum. Dabei bleiben Sie auf einer Seite und gehen nicht mit (Übung für Fortgeschrittene).

Es klappt nicht? Kann es daran liegen?

> Ihr Hund springt Sie an? Überprüfen Sie wieder Ihre Körpersprache: Wedeln Sie mit der zeigenden Hand auf und ab? Setzen Sie Ihre Hand deutlich ein, ohne Hektik.
> Der Hund springt dem „L" hinterher.

Jutta führt Chip mit klarer und dynamischer Körpersprache um die Hindernisse herum.

24 Ballspiele und Frisbee

Sie kennen eine Wiese – wie schön. Wenn sie gemäht ist, kommen hier Ball und Frisbee zum Einsatz. Hier wird geflitzt und gefangen – Ballübungen sind schier unerschöpflich, hier einige Beispiele. (Signal für Ball und Frisbee sind gleich.)

Ausgeben in die Hand

Vielleicht haben Sie bisher den Ball geworfen und selbst geholt?
Es geht auch anders!

1. Werfen Sie den Ball, sagen HOL BALL, Ihr Hund springt hin und bringt ihn auch zurück, lässt ihn dann aber auf das Signal AUS BALL auf den Boden fallen.
2. Strecken Sie die Hand aus und bleiben Sie stur. Möchte Ihr Hund, dass das Spiel weitergeht, muss er etwas tun. Das Signal dazu kann heißen: AUS HAND.
3. Halten Sie die ausgestreckte Hand tief in die Nähe des Balls, und fordern Sie ihn nochmals mit AUS HAND auf.

Wiederholen Sie die Übung immer wieder, bis er Ihnen den Ball in die Hand gibt. Bleibt er stur, bleiben auch Sie stur und stecken den Ball ein. Das Ballspiel ist erst einmal beendet.

Besitzansprüche

1. Halten Sie den Ball vor seine Schnauze und sagen Sie MEIN BALL (er wagt es hoffentlich nicht, ihn zu nehmen).
2. Legen Sie den Ball zwischen Ihre etwas gespreizten Beine und sagen erneut MEIN BALL – auch dort ist er tabu und darf nicht genommen werden.
3. Lassen Sie Ihren Hund mit SITZ und BLEIB sitzen und werfen Sie den Ball. Halten Sie Ihren Hund sicherheitshalber noch am Halsband fest. Sobald er ruhig sitzt, schicken Sie ihn mit HOL BALL los.
4. Ist er fast beim Ball angekommen, klatschen Sie laut in die Hände und sagen STOPP. Sobald er angehalten hat, rufen Sie BRING BALL.

Wichtig
Rücksicht auf andere

Bitte nehmen Sie Rücksicht auf Spaziergänger, Kinderwagen, Reiter, Leinenhunde und Wild. Bitte spielen Sie nicht in ungemähten Wiesen, schützen Sie Ihren Hund vor Zecken und Grannen und verärgern Sie nicht den Landwirt.

Arbeiten Sie zu Beginn der Übung mit einer zweiten Person zusammen, die in der Nähe des Balls steht. Sollte Ihr Hund nicht anhalten, muss diese Person blitzschnell den Ball aufnehmen. So kommt er nicht zum Erfolg. Sie können auch eine Schleppleine zur Absicherung nehmen. Befestigen Sie die Schleppleine nicht am Halsband, sondern an einem Geschirr, damit er sich nicht weh tut. Er soll nicht in die Leine laufen.

Ist die Leine 5 m lang, werfen Sie den Ball 3 m weit. Sobald Ihr Hund beim Ball ist, klatschen Sie laut und sagen STOPP. Es ist schon toll, wenn er stehenbleibt und Sie ansieht – FLL!

Balljunkies

Ballspielen kann gierig machen. Ihr Hund schaut nur auf den Ball, er bleibt zwar bei Ihnen, ist aber eigentlich nicht ansprechbar. Dann ist er zum Balljunkie geworden. Deshalb lenken wir alle Spiele in erzieherische Bahnen, das heißt, wir unterbrechen immer wieder das Spiel, lassen ihn Platz machen. Wenn Sie merken, dass Ihr Hund hektisch wird, beenden Sie das Spiel.

Wann ist ein Hund hektisch? Er hechelt mit weit nach hinten gezogenen Lefzen, hat unruhige Augen, springt Sie an, kläfft. Ein hoher Stressfaktor ist nicht gesund, in diesem Zustand lernt der Hund auch nichts mehr.

Kein Interesse an Bällen

Nehmen Sie bitte keine Tennisbälle, weil sie die Zähne schädigen. Wenn Ihr Hund nicht mit dem Ball spielt, schmieren Sie ihn mit Leberwurst ein. Machen Sie ihn interessant, indem Sie damit spielen, aber nicht dem Hund geben. Werfen Sie ihn nur einmal und stecken ihn dann wieder weg – hier wird Ihr Ideenreichtum gefordert. Geduld, das geht nicht an einem Tag.

1 Ich werfe die Scheibe.

2 Shadow bringt sie zurück.

3 Signal: MEINE SCHEIBE.

4 Ich werfe erneut.

5 Die Scheibe liegt auf dem Weg.

6 Shadow wird im Laufen gestoppt.

7 Ich werfe und stoppe Shadow mit Klatschen.

8 PLATZ auf Entfernung.

**Ich werfe die Scheibe, bevor die Joggerin bei uns ist.
Mit PLATZ oder SITZ auf Entfernung ernte ich freundliche Gesichter!**

Ihr Hund schnuppert vor sich hin. Sie rufen plötzlich PLATZ und klatschen laut in die Hände. Ihr Hund sollte sofort reagieren und sich zu Ihnen umsehen.

Unterschiedliche Reaktionen

1. Er kommt zu Ihnen zurück (das ist auch gut so) und macht bei Ihnen Platz – FLL.
2. Er macht auf der Stelle Platz und bleibt liegen, wenn der Jogger vorbeiläuft. Wenn das klappt, sammeln Sie freundliche Gesichter.
3. Hört er nicht und apportiert lieber den Jogger, dann müssen wir an uns arbeiten.

Warum Platz und nicht Sitz oder im Weg herumstehen?

Ein Jogger oder Radfahrer fühlt sich bei einem liegenden Hund am sichersten.

Begegnung mit anderen Hunden

Platz ist nicht zu empfehlen, wenn ein Hund entgegenkommt, weil die meisten Menschen und Hunde das nicht respektieren und ihren Hund an dem liegenden Hund schnuppern lassen. Das kann zum Konflikt werden. Darum rufen Sie Ihren Hund besser zu sich und gehen Sie einen Bogen.

26 Arbeit und Entspannung

Viele Hundebesitzer gehen gern gemeinsam spazieren. Auch in einer Gruppe lassen sich viele Übungen machen. Aus Zementbottichen und Brettern kann man ein Klettergerüst bauen, auf dem man balancieren, drüberspringen oder durchkriechen kann. Nach der Arbeit kommt die Entspannung. Das ist auch eine Übung – und zwar eine ganz wichtige.

Tollen auf der Hundewiese
Gönnen Sie Ihrem Hund immer wieder eine Spielrunde mit anderen Hunden. Rufen Sie Ihren Hund zwei- bis dreimal aus dem Spiel ab (Signal HIER), lassen ihn kurz SITZ machen und schicken ihn dann wieder auf die Piste.

Schnüffelrunden
Wenn Sie allein gehen, setzen Sie sich auf eine Bank, lassen Sie ihn um Sie herum in Ruhe schnuppern. Es ist auch schön, gemeinsam auf einer Wiese zu sitzen. Wenn er sich zu Ihnen legt, ist das hundsgemütlich. Irgendwann gehen Sie einfach weiter ohne zu rufen. Sie erinnern sich: Ihr Hund passt auf Sie auf. Mit jedem Tag der gemeinsamen Übungen wachsen Sie zum Team zusammen.

Mit umgedrehten Zementbottichen und Brettern lassen sich tolle Spielgeräte bauen (links).
Danach wird eine Runde getobt (oben)!

27 Sitz an der Straße

Wann: Immer wieder zwischendurch, lebenslang, allein und in der Gruppe.

Üben Sie das SITZ immer wieder, bis sich Ihr Hund ganz selbstverständlich neben Sie setzt, wenn Sie stehen bleiben. Je öfter Sie es üben, desto spielerischer geht es – nehmen Sie auch hin und wieder ein „L" zur Stärkung der Erinnerung.

Sagen Sie dann FUSS und gehen – um dem Hund zu helfen – mit dem Fuß weiter, an dem Ihr Hund sitzt. Gehen Sie mit dem anderen Fuß los, macht er einen Satz, um nachzukommen.
SITZ ist Grundgehorsam, es ist sozusagen das kleine Einmaleins. Wenn Ihr Hund es perfekt kann, können Sie andere Übungen damit beenden, die noch nicht so toll klappen.

Der richtige Ansporn
Lob motiviert – das geht Ihnen genauso. Steigen Sie immer aus einer neuen Aufgabe mit einer Übung aus, die der Hund gut kann. Beenden Sie Ihre gemeinsame Arbeit z. B. mit SITZ, dann können Sie ihn zum Schluss kräftig loben, das spornt an.

28 Slalom durch die Beine

Übungsaufbau

1. Grätschen Sie die Beine – Ihr Hund steht vor Ihnen.
2. Zeigen Sie ihm hinter Ihren Beinen ein Leckerchen.
3. Er geht durch die Beine und holt es sich.
4. Locken Sie ihn in einer Acht um Ihre Beine herum.

Alle Übungen, die nahe bei Ihnen (mit Körperkontakt) stattfinden, fördern den Zusammenhalt zwischen Ihnen und Ihrem Hund.

Shadow geht links und rechts durch die Beine. Es kann auch eine Acht sein.

29 Spaziergänger begrüßen

Jutta trifft ihre Freundin Nina auf einem Spaziergang. Sie lässt ihre Hündin Arusha SITZ machen und tritt zur Sicherheit auf die Leine (Fotos S. 64). Behalten Sie am Anfang bitte die Leine in der Hand und nehmen Sie den Hund an die Seite, an der der herankommende Mensch nicht ist. Nun begrüßt sie Nina per Handschlag. Ihr Hund springt nicht und ergreift keine Initiative zum Begrüßen. Je öfter Sie das mit Ihrem Hund üben, desto selbstverständlicher wird es für ihn.

Übungsaufbau

Möchten Sie jemanden begrüßen, darf Ihr Hund nicht anspringen, deshalb:

1. Nehmen Sie Ihren Hund an die Leine.
2. Versuchen Sie ihn abzuschirmen, damit er nicht anspringt.
3. Stellen Sie sich auf die Leine oder nehmen Sie Ihren Hund kurz.
4. Bitten Sie einen Bekannten, Sie immer wieder zu begrüßen, bis der Hund selbstverständlich sitzt.
5. Üben Sie es immer wieder mit anderen Menschen.

Es klappt nicht? Kann es daran liegen?

Bei der Begrüßung steht uns der Drang aller Hundefreunde im Weg, die unseren Hund anfassen wollen. Sobald die Hände der Hundefreunde in Richtung meines Hundes gehen, habe ich keine Chance, weil ich dann – ja wen eigentlich? – anschnauzen müsste ... Streicheln durch andere auf Wunsch und mit Signal ist erlaubt. Gehen Sie weiter, ehe Sie das Gegenüber in ein Gespräch verwickelt – etwa gar über Hunde.

Arusha hat es schon gelernt: Sie sitzt und bleibt. Jutta steht auf der Leine, Arusha bleibt brav sitzen – so klappt eine Begrüßung!

Such verloren und Bring

Da Sie kein ordentlicher Mensch sind, verlieren Sie häufig Ihren Handschuh oder ein Paket Taschentücher. Versuchen Sie SUCH VERLOREN und BRING – es klappt bestimmt, Freudensprung und „L" als Tausch. Bringt Ihr Hund einen Ball oder Stock, schafft er auch diese Übung.

Übungsaufbau

1. Ihr Hund apportiert gern.
2. Lassen Sie sich den Ball bringen und stecken Sie ihn ein. Dafür legen Sie ein Paket Papiertaschentücher auf den Boden.
3. Ermuntern Sie ihn mit SUCH SCHÖN, das Paket ins Maul zu nehmen – wenn er es tut: FLL.
4. Loben Sie kleinste Schritte, freuen Sie sich.
5. Gehen Sie einen Schritt rückwärts, sagen SUCH SCHÖN und tauschen, wenn er es in Ihre Richtung bringt, mit einem „L".
6. Lassen Sie sich Zeit, üben Sie auch zu Hause immer wieder.
7. Dann werfen Sie das Ding nach hinten und sagen SUCH VERLOREN.
8. Hat er es im Maul, sagen Sie BRING.
9. Ihr Hund holt das „verlorene" Paket und bringt es zurück. Nun können Sie die Übung auch mit anderen Gegenständen durchführen.

Es klappt nicht? Kann es daran liegen?

Es gibt Hunde, die andere Gegenstände außer Bällen usw. nicht ins Maul nehmen. Lassen Sie sich bei der Übung Zeit und geben Sie nicht auf. Versuchen Sie es immer wieder spielerisch mit verschiedenen Gegenständen. (Das Markieren mit Leberwurst ist ausdrücklich erlaubt.)

31 Zurück ins Auto

Wichtig

Neugierde

Es gibt Menschen, die gegenüber übenden Hundebesitzern
blind sind. Sie gehen auf das
Auto zu, locken den Hund oder
sprechen ihn an. Nehmen Sie
es als Übung. Sagen Sie NEIN,
BLEIB und lenken Sie Ihren
Hund mit einem „L" ab. Ihren
Hund können Sie erziehen, die
anderen nicht.

1. Gehen Sie zum Auto und lassen Sie Ihren Hund vor der Heckklappe SITZ machen.
2. Öffnen Sie die Heckklappe, sagen Sie HOPP und SITZ. Ihr Hund springt hinein und setzt sich hin.
3. Lassen Sie die Klappe offen und gehen Sie hin und her, Ihr Hund bleibt sitzen – „L".
4. Versuchen Sie einmal das Auto zu umrunden – Lob und „L".
5. Kommen Spaziergänger, stellen Sie sich vor den Hund und geben ihm ein „L".
6. Üben Sie so lange, bis Ihr Hund ruhig bleibt, auch wenn Sie sich ein Stück entfernen.

Diese Übung wird Ihnen zugute kommen, wenn Sie an einer Haupt-
verkehrsstraße Ihren Hund aus dem Auto holen müssen. Bleibt er
dann zuverlässig sitzen und gefährdet niemanden, ist das für sie ein
FLL wert.

Fahren Sie zufrieden nach Hause. Sie haben jede Menge geleistet
und können stolz auf sich und Ihren Hund sein. Gönnen Sie sich auch
ein „L", Sie haben es verdient.

**SITZ vor dem Auto – Chip und Arusha haben geordnetes Ein-
steigen ins Auto perfekt und auf Signal gelernt!**

32 Kombinationsübungen

Sie haben sich nun alles erarbeitet und beginnen sich zu langweilen. Gut so! Nun ist es Zeit für Kombinationen der einzelnen Übungen, zu denen jetzt keine Erläuterungen mehr notwendig sind, weil Sie richtig gut geworden sind.

Am Leckerchen vorbei

1. Gehen Sie ein Stück des Weges,
2. lassen ein Leckerchen oder einen Ball fallen,
3. gehen noch ein Stück weiter,
4. klopfen an Ihr linkes Bein,
5. Ihr Hund kommt zum Leckerchen: NEIN HIER –
6. am Leckerchen vorbei –
7. zu Ihnen und macht SITZ.
8. Sie schicken ihn mit SUCH SCHÖN zurück;
9. wenn er am Leckerchen angekommen ist, sagen Sie laut SITZ;
10. sobald er Sie ansieht, sagen Sie SUCH SCHÖN, und er darf es fressen.
11. Sie rufen ihn zu sich und loben ihn richtig freudig, das war Spitze!

Platz, Bleib und noch mehr

1. Lassen Sie Ihren Hund PLATZ und BLEIB machen.
2. Treten Sie etwas weg vom Hund.
3. Mit einer Aufwärtsbewegung des Armes holen Sie ihn ins SITZ – gerne mit Leckerchen „hochziehen".
4. Gehen Sie dann vier bis fünf Schritte weiter weg,
5. und rufen ihn zu sich.
6. Lassen Sie ihn SITZ machen oder sich gleich umrunden, SITZ.
7. Werfen Sie einen Ball mit dem Signal MEIN BALL.
8. Auf dem Weg dorthin sagen Sie laut STOPP.
9. Ihr Hund dreht sich zu Ihnen um – Sichtkontakt,
10. dann HOL BALL.
11. Beim Herankommen sagen Sie DURCH, er läuft durch Ihre Beine
12. zu Ihrer linken Seite.
13. Werfen Sie ein paar „L" nach hinten.
14. Rufen Sie SUCH SCHÖN und lassen Sie ihn die „L" suchen.
15. Schicken Sie ihn VORAN, falls er überhaupt noch weg will.

Tipp
Merkzettel

Fotokopieren Sie sich die einzelnen Übungen, die Ihnen gefallen, und nehmen Sie diese mit auf Ihren Spaziergang. Mischen Sie die Zettel nach Tageslaune. Es ist unerschöpflich, wenn man erst einmal angefangen hat.

Tägliches Üben ohne Aufwand

Nach ein paar „Übungsspaziergängen" wird Ihr Hund Sie anlachen: Er sieht Sie an, öffnet die Schnauze, hebt den Schwanz, und seine Augen strahlen. Er läuft nicht mehr weit weg, sondern umrundet Sie und wartet, dass etwas passiert. Endlich sind Sie für ihn wichtiger als andere Hunde. Sie sind zu einem Team geworden und haben ein Stück hündisch gelernt.

Spaziergänge gestalten

Zu Beginn sind Sie bestimmt erst einmal verwirrt, was es so alles an „Spielzeug" am Wegesrand gibt. Deshalb folgen nun einige Tipps für die ersten drei Spaziergänge.
Nachdem Sie die Übungen gelesen haben, möchten Sie sicher viel mehr mit Ihrem Hund tun. Aber wie soll man beginnen?
Bauen Sie bitte keinen Leistungsdruck auf. Der Weg ist das Ziel.
Üben Sie während Ihrer täglichen Spaziergänge. Sie brauchen keine Extrazeit.

Shadow spielt leidenschaftlich Fußball: Nach meinem Schuss treibt er ihn mit der Nase wieder zurück: Signal TREIB.

Der erste Spaziergang

Sie gehen den Weg, den Sie oft gehen. Nur heute sehen Sie sich etwas genauer um: Gibt es eine Bank? Gibt es Baumstümpfe? Gibt es Verkehrsschilder zum Umrunden? Gefällte Bäume zum Balancieren? Gehen Sie mit Ihrem Hund zur Bank, legen ein „L" darauf, das er sich holen darf, und lassen ihn rundherum schnuppern. Ziehen Sie bitte nie an der Leine. So machen Sie es mit allem, was Sie am Weg als „Spielzeug" erkennen.

Werfen Sie ein „L" nach vorn und lassen es den Hund noch ohne Signal holen. Werfen Sie eines nach hinten. Lassen Sie ihn eines aus Ihrer Hand fangen (macht gar nichts, wenn es danebengeht). Nun wissen Sie, dass sich Ihr Hund dafür interessiert. Wenn er gar nicht interessiert ist, versuchen Sie es weiter über das Futter, das Sie ihm heute nicht in den Napf geben, sondern erst morgen auf dem zweiten Spaziergang. Keine Angst, sein Fell wird nicht so schnell faltig. Der erste Spaziergang war gut, wenn Ihr Hund Sie mehr als sonst angesehen hat.

Der zweite Spaziergang

Gehen Sie wieder den Weg von gestern. Heute hat Ihr Hund Hunger. Gehen Sie zum ersten Spielzeug nehmen wir an, es ist eine Parkbank.

Bringen Sie Ihren Hund dazu, mit HOPP hochzuspringen. Für zwei Pfoten gibt es schon ein „L", für alle Viere zwei – FLL.

Lassen Sie ihn auf der Bank entlanggehen, indem Sie ihm das „L" vor die Nase halten und am Ende der Bank geben.

Setzen Sie sich dazu und genießen Sie einen Augenblick der Ruhe. Führen Sie ihn mit dem „L" auf der Bank zurück. Dafür nehmen Sie es in die andere Hand, damit er nicht nur dem Futter hinterherläuft, sondern merkt, was er tut.

Wenn er sich konzentriert, also zur Bank hinuntersieht, ist das richtig. Sagen Sie AB, lassen ihn hinunterspringen und belohnen Sie ihn mit Futter. Wischen Sie die Bank ab!

Freuen Sie sich, werfen Sie ein „L" auf den Weg und sagen Sie SUCH SCHÖN. Dann schicken Sie Ihren Hund voraus. Wenn er sich etwas entfernt hat, nehmen Sie ein „L", bücken sich tief hinunter und rufen laut SCHAU MAL. Wenn Ihr Hund sich nach Ihnen umsieht, schauen Sie auf den Boden, kratzen ein bisschen. Er wird herbeieilen, das „L" finden und sich gemeinsam mit Ihnen freuen.

Kommen Ihnen Menschen ohne Hund entgegen, lassen Sie Ihren Hund sitzen.

Nach dem Weitergehen rufen Sie Ihren Hund immer wieder (auch wenn er an der 5-m-Leine gehen muss), belohnen ihn fürs Kommen und schicken ihn wieder voran.

Damit Ihr Hund sich nicht mehr umsieht, weil Sie bisher nur gerufen haben, wenn es etwas Spannendes gab, wiederholen Sie diese Übung grundsätzlich auf allen Spaziergängen – sein Leben lang ab heute.

Der dritte Spaziergang

Nun geht es richtig los. Heute ist die Parkbank wieder dran (bitte das HOPP auch ohne „L" versuchen) oder ein Baumstumpf oder ein Baumstamm. Führen Sie Ihren Hund, lassen Sie ihn nicht vorpreschen. Üben Sie das SCHAU MAL. Es ist eine hervorragende Übung, wenn Ihr Hund in den Wald stiert und eigentlich gleich weg wäre, würden Sie nicht sofort einschreiten.

Sobald Ihr Hund schnuppert, drehen Sie sich wortlos um und gehen in die andere Richtung. Er sollte freudig hinter Ihnen herlaufen, und Sie dürfen ihn herzlich dafür loben und mit einem „L" belohnen. Dann schnuppert er mal wieder vorn, Sie rufen ihn, lassen ihn SITZ machen und schicken ihn wieder voran. Nehmen Sie nun täglich oder alle zwei Tage – egal – eine Übung hinzu.

Wichtig
Schleppleine

Nehmen Sie, wenn Ihr Hund an der Leine gehen muss, eine 5-m-Schleppleine, 2 cm breit, mit Handschlaufe, die verwickelt sich am wenigsten. 5 m ist die weiteste Entfernung von Ihnen für einen noch unzuverlässigen Hund. 10-m-Leinen kann man schlecht handhaben. Es gibt für kleine Hunde auch dünnere Leinen.

Tipps für gutes Gelingen

> Ihr Hund sollte etwas hungrig sein, dann arbeitet er besser.
> Seien Sie geduldig und stellen Sie Ihre Körpersprache immer wieder infrage, wenn der Hund Sie nicht versteht.
> Ziehen Sie niemals an der Leine.
> Möchten Familienmitglieder Ihren Hund ausführen, sollten sie unbedingt dieselben (nicht irgendwelche) Signale nehmen. Am besten ist es, wenn sich andere zuerst einmal heraushalten, bis der Hund die Übungen versteht.

Probleme vermeiden durch Umlenken von Verhalten

> Leinenaggression können wir mit Bogen gehen vermeiden,
> Anspringen und Belästigung von anderen Menschen mit Abschirmen und Futter,
> Kläffen und an der Leine reißen mit Führung, Ablenkung, Spiel und Futter,
> Jagdverhalten im Anfangsstadium mit SCHAU MAL und Leckerchen werfen,
> fehlende Bindung mit Spiel, Spaß und geistigem Training.

Tipp
Hundebegegnungen

Es gibt viele frei laufende Hunde, die nicht hören. Da ist es besser, den eigenen Hund sehr früh von der Leine zu lassen. Brummt einer der Hunde, gehen Sie zügig entgegen der Laufrichtung des anderen Hundes davon.

Zita geht ohne zu Ziehen an der 5-m-Schleppleine.
Eine Begegnung mit Bogen und dem Körper dazwischen ist kein Problem für sie.

Spiele für drinnen
30 Übungen für zu Hause

Viel Beschäftigung in wenig Zeit

Zeit ist heutzutage immer knapp bemessen. Das bedeutet, dass wir immer viel zu wenig davon haben. Zum Glück schlafen Hunde viel und passen sich unserem Alltag an. Doch sobald sie die Augen öffnen, möchten sie mehr von uns. Neben der körperlichen Auslastung ist auch die geistige Beschäftigung wichtig. Und das geht auch im Haus – fast ganz nebenbei.

Abwechslung im Hundealltag

Mütter mit einem Halbtagsjob haben eigentlich keine Zeit für einen Hund. Die Männer sind arbeiten und die Kinder in der Schule. Andererseits verbringen sie aber die meiste Zeit mit dem Vierbeiner. Wenn die Kinder nach Hause kommen, spielen sie kurz mit ihm, ehe sie wieder Hausaufgaben, Klavierstunde, Tennis oder Zahnarzt haben. Vater kommt abends spät nach Hause und möchte dann ein bisschen raufen, ein bisschen schmusen, aber eigentlich nicht erziehen. Normalerweise gehen die Mütter ein- bis zweimal kurz hinaus und sind froh, dass wenigstens der Hund weder Ohrenschmerzen noch schlechte Noten hat. Aber das Gewissen plagt, weil man eigentlich weiß, dass der arme Hund zu kurz kommt.

Auch berufstätige Menschen, die ihren Hund mit zur Arbeit nehmen oder zu Hause arbeiten, müssen ihre Freizeit gut planen und können mit den hier beschriebenen Übungen für kurzweilige Abwechslung sorgen.

Wie gehen Sie vor?

Zuerst machen Sie sich in Ruhe mit den Aufgaben vertraut. Das geht am besten mit der Familie am Wochenende.

Passen Sie die Aufgaben Ihrer Wohnung und Ihrem Familienleben an. Üben Sie mit Ihren Kindern die Spiele. Wenn Sie mehrere Kinder haben, achten Sie bitte darauf, dass jeweils nur ein Kind mit dem Hund spielt oder Signale gibt und sie sich nicht streiten.

Auch wenn der Hund mit ins Büro geht, finden Sie hier viele Anregungen.

Rufen Sie den Hund zu sich und spielen Sie eine Runde mit ihm. Wenn Sie beide Spaß hatten, schicken Sie ihn ohne schlechtes Gewissen mit einem Kauknochen auf seinen Platz. Dann muss auch die Pinkelpause nicht so lang sein, wenn das Wetter gruselig und der Bügelberg hoch ist.

Was bringt es?

Es gibt immer Tage, an denen für lange Spaziergänge keine Zeit ist. Wenn Sie anstatt Dauerlauf geistige Beschäftigung, Spiel und Spaß einsetzen, haben Sie trotzdem einen zufriedenen Hund. Zwanzig Stunden am Tag sollte der Hund dösen und schlafen können.

Krach draußen, Streit drinnen, Veränderungen Ihres Tagesablaufs verursachen bei vielen Hunden Stress, der sich durch Verhaltensauffälligkeiten äußert.

Deshalb errichten Sie zu Hause einen kleinen Beschäftigungsparcours, an dem Sie immer wieder vorbeikommen und den Sie immer neu umgestalten können. Da der Hund nicht verallgemeinert, ist für ihn jede Veränderung wieder ein neues Erlebnis und ein Denkanstoß. Ihr Hund begleitet Sie und lernt spielerisch sehr viele Dinge, wie Unterordnung und Fuß gehen, und findet Schule toll.

Hilfsmittel, die Sie besorgen sollten

Rutschfeste Teppichfliesen sind gut, die sie in der Wohnung als „Weg" (er ist das Ziel) auslegen können. Wir haben eine zerteilte Turnmatte genommen. Bringen Sie sich vom Großmarkt drei bis vier flache Tomatenkisten mit. Alle weiteren Hilfsmittel befinden sich in Ihrem Haushalt.

Jeden Morgen

Sie waren nur ganz kurz mit dem Hund draußen, weil die Kinder gleich aufstehen müssen. Nehmen Sie ein paar „L" und locken Sie damit Ihren Hund BEI FUSS. Gehen Sie die Kinder und vielleicht den Ehemann wecken. SITZ am Bett. Ihre Kinder sind gleich wach und geben dem Hund ein „L". Der Hund leckt Ihrem Mann übers Gesicht – so schön kann der Tag beginnen!

So, jetzt sind alle außer Haus. Sie können heute aus Zeitgründen keinen langen Spaziergang machen und schicken Ihren Hund nicht – wie sonst immer – auf den Platz, sondern er begleitet Sie auf Ihrem Gang durch die Wohnung.

Nach dem Spaziergang und ein paar Spieleinheiten im Haus ist Denga müde. Jetzt kann ihr Frauchen in Ruhe einkaufen gehen oder den Haushalt erledigen.

PET-Flaschen-Slalom

Sie brauchen: fünf oder mehr volle PET-Flaschen.

1. Stellen Sie fünf volle PET-Flaschen hintereinander mit Abstand auf.
2. Führen Sie Ihren Hund mit dem Finger – tief halten – und einem „L" um die Flaschen herum.
3. Zurück ohne „L", aber mit dem tiefen Finger. Bis es klappt können einige Tage vergehen. Haben Sie Geduld.
4. Üben Sie es so lange, bis Sie – in aufrechtem Gang – nur noch um die Flaschen zeigen müssen.
5. Sobald es klappt, wechseln Sie den Standort (Sie wissen schon: Der Hund generalisiert nicht).

Sigi und Ben üben den Pet-Flaschen-Slalom. Zuerst mit, dann auf dem Rückweg ohne Leckerchen – der Preis folgt erst zum Schluss.

Es klappt nicht? Kann es daran liegen?

Der Hund springt Sie an, springt nach dem Leckerchen – halten Sie Ihren Finger tief genug –, prüfen Sie den Staub auf dem Parkett! Üben Sie immer wieder, wenn Sie an den Flaschen vorbeikommen. Und gerade wenn Ihr Hund meint, Sie tun es wieder, gehen Sie daran vorbei – bleiben Sie spannend.

2 Von Matte zu Matte

Sie brauchen: rutschfeste Teppichfliesen (ideal für Plattenböden oder Parkett), eine fest liegende Turnmatte, in Rechtecke geteilt.
Mit dieser Übung lernt der Hund, Ihnen zu folgen. Die Turnmatten sind für Sie und Ihren Hund Ordnungsprinzip und Anhaltspunkt.

1. Legen Sie die Matten aus, je nach Größe des Hundes dicht hintereinander oder mit etwas Abstand.
2. Führen Sie Ihren Hund auf die Matte und entlang; je mehr Sie haben, um so besser. Nehmen Sie ein „L" zum Anlocken, Ihr Hund sollte Ihrem Finger folgen und das „L" zum Schluss bekommen.
3. Legen Sie die Matten in Schlangenlinien aus.
4. Bilden Sie eine Spirale.
5. Legen Sie eine Strecke in ein anderes Zimmer, wo Sie beide ein „L" finden.
6. Lassen Sie ihn auf jeder zweiten oder dritten Matte SITZ oder PLATZ machen.
7. Lassen Sie ihn mit den Augen einem „L" folgen, das Sie ihm dann zuwerfen oder geben.
8. Lassen Sie ihn BLEIB machen, gehen Sie zwei Matten weiter und rufen Sie Ihren Hund sofort wieder zu sich.
9. Kehren Sie auf der Matte um und nehmen Sie ihn mit, indem Sie an Ihr Bein klopfen und ihn mitlocken.
10. Lassen Sie ihn immer eine Matte überspringen (hier darf nichts rutschen!).
11. Denken Sie sich weitere Übungen aus und bleiben Sie in Bewegung.
12. Trainieren Sie das BLEIB, indem Sie erst eine Matte, dann zwei weitergehen können, ohne dass Ihr Hund aufsteht. Steigern Sie langsam, bis Sie das Zimmer wechseln und außer Sichtweite gehen können.
13. Wenn Sie Betten machen, sitzt und bleibt er vor dem Schlafzimmer auf einer Matte und wartet auf Sie, was Sie mit einem tollen Lob belohnen.
14. Vergessen Sie nicht, dabei aufzuräumen.
15. Sparen Sie nicht mit „L": Nichts in den Napf, alles für Leistung.
16. Üben Sie mit Ihrem Hund „Kontaktliegen" auf der Couch.

Tipp
Hausarbeit ohne Hund

Füllen Sie die Papprolle des aufgebrauchten Toilettenpapiers mit etwas Streichkäse oder Leberwurst, schicken Sie Ihren Hund auf seinen Platz und lassen ihn genüsslich die Pappe „recyceln". Das ist auch ein gutes Mittel, wenn Sie ihn von etwas ablenken wollen, wenn Besuch kommt oder Stören unerwünscht ist.

Leinegehen, Folgen und Platz sind nur einige der vielen Möglichkeiten, für die man die Matten verwenden kann.

Sie können die Matten auch in den Garten oder ins Freie mitnehmen und dort damit weiterüben: BEI FUSS, SITZ, BLEIB, HOPP.

Der Hund verallgemeinert zwar nicht, aber er hat zu den einzelnen Signalen eine „Hundebrücke", bei uns heißt sie „Eselsbrücke".

Wiederholungen und Geduld

Sagen Sie bitte nie: „Das habe ich schon mal versucht, das hat er nicht gemacht." Stellen Sie sich immer vor, man drückt Ihnen am Montag ein Chinesisch-Lehrbuch in die Hand und ist am Mittwoch sauer, dass Sie es noch nicht auswendig können. Hundert Versuche sind das Mindeste. Danach überlegen Sie, welche Ideen Sie haben, es Ihrem Hund doch noch beizubringen. Grämen Sie sich nicht: Der Weg ist das Ziel!

Hunde lernen unsere Sprache am besten mit Körpereinsatz und kurzen Wörtern: SITZ, PLATZ, BRING. Wenn Sie Ihren Hund rufen, ist ein HIER besser, als ein leiseres KOMM. Zu Beginn unserer Ausbildung sagen wir oft den Hundenamen, ohne dass ein Signal folgt: Bello? Bello! Bello!!!! Erziehen Sie sich einfach dazu, Bello HIER zu sagen. Wenn Ihr Hund bei Ihnen ist, brauchen Sie den Namen nicht mehr, sondern nur noch Ihre Körpersprache und Signale (z. B. SITZ).

3 Allez hopp

Sie brauchen: für große Hunde einen Stiel und zwei Stühle, für kleine und junge Hunde zwei Tomatenkisten und einen Stuhl.

Tomatenkisten und Stuhl

Eine Seite sollte zugestellt sein, da die Hunde gern anfangs zur Seite ausweichen.

1. Locken Sie Ihren Hund mit HOPP darüber.
2. Lassen Sie ihn springen, wenn Sie am Hindernis vorbeikommen.

Stühle und ein Stiel

1. Fordern Sie Ihren Hund zum Springen auf.
2. Nehmen Sie ein „L" und zeigen Sie ihm mit Schwung, was Sie von ihm wollen: HOPP.

Leckerchen-Einsatz

Es ist immer wieder wichtig darauf zu achten, dass die Hunde lernen, nicht nur dem „L" hinterherzuhechten. Locken Sie Ihren Hund zum Hindernis und zu allem Neuen mit Leckerchen, zeigen Sie ihm die Aufgabe. Der Rückweg, das heißt die Wiederholung, sollte ohne Leckerchen versucht werden. Dann erst kommt der Preis!

Ulla lockt Denga über die Tomatenkisten. Das ist alles ganz neu und unheimlich. Ist die Freude an der Aufgabe erst einmal geweckt, braucht sie keine Leckerchen mehr – dann ist der Spaß der Preis!

4 Durch wird zum Guckguck

1. Befestigen Sie einen Fliegenschutzvorhang an einem Stiel.
2. Schicken Sie Ihren Hund durch den Vorhang mit DURCH.
3. Wenn er halb durch ist, sagen Sie STOPP.
4. Machen Sie ein Foto von Ihrem Hund, es wird bestimmt lustig.

Übungsaufbau

1. SITZ und BLEIB hinter dem Vorhang.
2. Gehen Sie vor den Vorhang.
3. Rufen Sie Ihren Hund, sagen Sie STOPP und halten Sie ihm ein „L"
   vor die Nase, das er halb im Vorhang fressen darf.

Variationen für die Terrasse und den Balkon

Über zwei Stühle und einen Besenstiel kann man HOPP machen.
Wie bei der Parkbank-Übung geht auch hier HOPP hin- und zurück,
DURCH von hinten (schicken) und von vorne (durchlocken) oder erst
durch den Stuhl nach vorne und HOPP zurück.

Oben: Mit HOPP über die Stange.

Unten: DURCH – in der Mitte STOPP und rechts lauert ein Fotograf für ein Foto – bitte lächeln!

5 Ein Stuhl steht im Weg

Sie brauchen: einen normalen Stuhl, unter dem der Hund hindurchkommt.

1. Leiten Sie Ihren Hund mit einem „L" an, unter dem Stuhl hindurchzukriechen, indem Sie ein „L" vor seiner Nase herziehen.
2. Dieser Stuhl kann täglich an einem anderen Ort stehen. Kommen Sie beide daran vorbei, heißt es DURCH.
3. Es geht auch mit zwei und mehr Stühlen.
4. Es geht auch, wenn Sie die Stühle über Eck stellen.
5. Klappt die Übung, schicken Sie Ihren Hund von hinten durch die Stühle.
6. Suchen Sie sich andere Gegenstände im Haushalt, wo der Hund durchkriechen kann.

Führen anstatt Ziehen

Um den Hund für das Hindernis zu interessieren, können Sie ein „L" nehmen. Besser, Sie versuchen es mit Zeigen, Führen und Locken – falsch ist es, wenn der Hund, ohne zu wissen, was er tut, dem „L" hinterherstolpert oder Sie ihn am Fell ziehen. Bleiben Sie ruhig, besonders dann, wenn Ihr Hund erst lernt von Ihnen zu lernen.

6 Ab in die Kiste

1 Sigi bringt Ben dazu, in die Kisten zu steigen. Das erfordert jede Menge Mut und Vertrauen.

2 Ben sitzt auf Handzeichen in der Kiste.

Sie brauchen: Tomatenkisten. Diese bekommen Sie im Großmarkt. Sie sollten flach und stapelbar sein.

Einsatzmöglichkeiten

1. Kiste zum Hindurchgehen: immer zuerst mit „L", dann sofort nochmals ohne „L": Zeigefinger tief, neben dem Hund bleiben, führen.
2. SITZ in der Kiste.
3. Zum Stapeln und Überspringen.
4. Die Kiste einmal längs und einmal quer stellen.
5. Ein „L" hineinlegen – Ihr Hund darf es beim Durchlaufen nicht nehmen.
6. Bringen Sie die Kisten in ein anderes Zimmer, dann ist es für viele Hunde eine neue Übung.

Schauen Sie sich im Großmarkt bei den Pappkartons nach neuem Spielzeug um. Es gibt auch große Kisten zum Verstecken. Oder Sie ziehen einfach um. Dann haben Sie mehr Platz und jede Menge Umzugskisten, aus denen sich ein toller Parcours mit Tunnel und Verstecken zaubern lässt.

7 Allein und doch zufrieden

Wir büßen einen großen Teil unserer Freiheit ein, wenn unser Hund nicht allein bleiben will. Deshalb üben wir es nebenbei zu Hause.

1. Wenn Sie bei der Hausarbeit sind und Ihr Hund Ihnen folgt, schließen Sie einmal ganz kurz die Tür vor seiner Nase und öffnen sie sofort wieder (nur eine Sekunde). Wichtig: Beachten Sie Ihren Hund nicht: nicht ansehen – anfassen – ansprechen!
2. Dann eine andere Tür: auf und zu.
3. Pause, dann wieder eine Tür auf und zu.
4. Sie greifen zum Haustürschlüssel und legen ihn wieder hin.
5. Öffnen Sie die Haustür und schließen sie gleich wieder.
6. Pause, der Hund findet es langweilig und verzieht sich in seinen Korb. Still freuen, aber zuerst einmal ignorieren.
7. Greifen Sie immer einmal wieder zum Schlüssel und legen ihn wieder hin. Ihr Hund sollte darauf gar nicht mehr reagieren und erst kommen, wenn Sie ihn rufen.
8. Geben Sie Ihrem Hund ein tolles FLL und gehen allein ins Bad.

Die richtige Verständigung

Lässt man seinen Hund ohne Training plötzlich allein, kann es sein, dass er panisch reagiert. Er hechelt stark, heult, bellt, ist unruhig, zerstört Gegenstände. Kommen wir dann nach Hause, begrüßt er uns hektisch und unangemessen – die Trennung bedeutet für ihn zuerst einmal Verlust des Rudels, Schutz und Futter. Viele Hundebesitzer können noch nicht einmal in den Keller gehen, ohne dass ihr Hund heult. Gehen Sie deshalb ganz, ganz langsam vor, wenn Ihr Hund mit Trennung ein Problem hat.

Lassen Sie sich ruhig eine Woche und mehr Zeit, ehe Sie die Tür schließen und in den Keller gehen. Wenn er dann nicht heult: Bravo, das haben Sie gut gemacht! Wenn er heult, beginnen Sie wieder von vorn und gehen noch langsamer vor.

Wenn Sie die Tür schließen, schauen Sie Ihren Hund nicht an. Es muss beiläufig und zufällig wirken. Jede unserer Bewegungen wird vom Hund erfasst und abgespeichert. Sie kommunizieren mit ihm, ob Sie es wollen oder nicht. Er hakt Sie auch ab, wenn er Sie nicht als „führend" anerkennt, auch das, ob Sie wollen oder nicht.

Ben bleibt ruhig liegen, wenn Sigi geht. Er hat Vertrauen und weiß, dass sie wiederkommt.

8 Keine Chance für Müllschlucker

Tipp

Setzen von Tabus

Mit NEIN können Sie alles auf Tabu setzen: Die weiße Couch, das Schlafzimmer, was Sie wollen. Sie können dann PFUI aus dem Wortschatz streichen. Was ist Pfui? Alles, was Ihnen gehört oder was Sie haben wollen. Pfui ist, wenn er es trotzdem nimmt und wegträgt oder schluckt.

Diese Übung hat den Sinn, dass der Hund lernt, Ihr Eigentum zu respektieren und bei NEIN auf Sie zu hören, damit er sich draußen nicht vergiftet. Was auf dem Boden liegt, ist grundsätzlich tabu.

Labradore herhören, jetzt kommt eine Übung für euch

1. Legen Sie etwas Leckeres auf den Boden, decken es mit der Hand ab und verteidigen Sie es, sagen Sie NEIN (freundlich, leise, aber bestimmt). Halten Sie seine Nase mit dem Handrücken auf Abstand, schubsen ist erlaubt, wenn er zufassen will.
2. Untrainierte Hunde knabbern, pföteln, kratzen, bellen, werden auch rabiat mit ihrer Pfote – verschaffen Sie sich Respekt!
3. Sobald er den allerkleinsten Rückzug zeigt, z. B. indem er den Kopf wegdreht, geben Sie ihm sofort das „L" mit Jubel: Soissbraav!
4. Schälen Sie ein Pfund Kartoffeln und bewachen Sie das „L": Stellen Sie den Fuß darauf, wenn Ihr Hund denkt, Sie sind unaufmerksam.
5. Er setzt sich neben Sie, fixiert das „L", nimmt es aber nicht. So soll es sein.
6. Sofern es jetzt noch da ist, heben Sie es wieder auf und geben Ihrem Hund etwas anderes als Belohnung.
7. Legen Sie es wieder auf den Boden mit NEIN, MEINS. Nehmen Sie wieder Ihren Fuß zu Hilfe, um es schnell abzudecken, wenn er es nehmen will.
8. Toll, wenn sich Ihr Hund setzt, es fixiert, aber nicht nimmt. Wenden Sie die Bratkartoffeln, der Hund passt auf das „L" auf. Wenn er nicht mehr interessiert ist, bekommt er von Ihnen das „L" aus der Hand (!) mit einem dicken Lob. Warum dann? Weil er merkt, er muss nicht kämpfen und klauen. Er bekommt seinen Anteil für Wohlverhalten.
9. Einige Tage später legen Sie etwas auf den Boden, sagen NEIN, gehen kurz weg und kommen wieder – geklappt? Na toll! Wenn nicht, bitte wieder von vorn anfangen: Der Weg ist das Ziel.
10. Die Übung ist perfekt, wenn Sie mindestens fünf Minuten außer Sichtweite gehen können und dasselbe „L" ist immer noch da.

Bei dieser Übung ist es wichtig, dass Sie das „L" mit der Hand geben: Was auf dem Boden liegt, wird erst von mir geprüft und freigegeben.

9 Mitten im Weg

Übung 1 – von Ihnen kontrolliert

1. Sie sagen PLATZ und BLEIB und weisen ihm die Stelle an.
2. Sie können nun gefahrlos über ihn steigen. Wenn er es noch nicht kann, kraulen Sie ihn an den Ohren, während Sie über ihm sind.
3. Oder Sie legen ein paar „L" mit SUCH SCHÖN vor ihn hin und steigen über ihn, während er frisst.
4. Ziel: Sie können über Ihren Hund steigen und Ihre Hausarbeit machen, ohne dass er aufspringt (viele Ehemänner können das lange vor ihrem Hund).

Dies ist eine Übung für den Fall, dass Sie Ihr wertvolles Geschirr in den Schrank stellen. Außerdem kann man es bei jeder Art von Hausarbeit immer wieder abrufen.

Übung 2 – vom Hund kontrolliert

Der Hund sucht sich einen Platz aus. Das ist meistens mitten im Weg, weil da die Kontrolle für ihn am einfachsten ist. Beliebt sind die Stellen: freie Sicht zur Küche und zum Kühlschrank, zum Garten und zur Haustür. Dulden Sie es nicht, wenn er Sie in der Bewegung einschränkt und Sie umständlich über Ihren Hund steigen müssen. Wenn sich Ihr Hund selbst in den Weg legt, gehen Sie ohne Aggression, aber ernst gemeint auf ihn zu, damit er aufsteht und sich beiseitelegt. Dies ist wichtig für Respekt (Achtung, der Chef kommt) und Ihr Geschirr! Wenn er Sie nicht sonderlich behindert, können Sie auch um ihn herumgehen – wie Sie wollen.

Wenn ich mit dem heißen Kaffee komme, bleibt Shadow ruhig liegen und ich kann ohne Gefahr über ihn drübersteigen.

10 Wäsche waschen mit Hund

Sie brauchen: Ihre schmutzige Wäsche und einige Leckerchen.

Die Waschküche ruft

Auf dem Weg in die Waschküche oder in ein anderes Zimmer kommen Sie an den PET-Flaschen vorbei oder lassen den Hund durch einen Stuhl kriechen.

Sie haben einen Wäschekorb voll mit Familienwäsche und legen ein paar „L" dazwischen. Ihr Hund kommt mit und macht SITZ. Sie halten ihm ein Wäschestück unter die Nase und sagen „Herrchen", beim nächsten „Frauchen", „Oskar" bei Ihres Sohnes Fußballsocken und „Luise" oder „Marie" bei den entsprechenden Wäscheteilen und geben ihm immer dazu ein „L".

Trainieren Sie diese Übung oft, könnte Ihr Hund Ihre Familie bei SUCH OSKAR auch auf dem Spaziergang finden. Man kann es auf jeden Fall versuchen. Bei häufigen Wiederholungen trägt Ihnen Ihr Hund eines Tages seine Leibwäsche nach, von der er glaubt, dass sie es endlich einmal wieder nötig hat ...

11 Briefträger- & Besucherübung

Es klingelt an der Tür und Ihr Hund bellt unaufhörlich.
Sie brauchen: eine willige und klingelfreudige Nachbarin.
Diese Übung ist sehr schwierig, dauert vielleicht Wochen, weil er ja bisher immer gekläfft hat. Aber sie funktioniert, wenn es Ihnen gelingt, immer vor Ihrem Hund an der Tür zu sein. Er wird durch Ihre Beine bellen, sich vorbeidrängen wollen, auch kläffen – bleiben Sie stur.

Übungsaufbau

1. Wenn es klingelt, nehmen Sie Ihren Hund an eine Leine, die immer an der Tür bereitliegt.
2. Nehmen Sie ihn kurz und BEI FUSS und öffnen die Tür.

3. Drängen Sie Ihren Hund mit sanfter Gewalt hinter sich und halten Sie ihn dort fest.
4. Der Besucher beachtet den Hund nicht – ich weiß, es ist hart, aber wirkungsvoll!
5. Wenn Sie etwas unterschreiben müssen, treten Sie auf die Leine.
6. Lassen Sie den Hund mehrmals täglich SITZen und BLEIBen, gehen Sie zur Tür, öffnen und schließen sie wieder – Sie sind richtig gut, wenn Ihr Hund immer weniger reagiert.
7. Sie sollten es aus Zeitgründen nicht mit dem Briefträger üben.

Bellt Ihr Hund kurz und zeigt einen Besucher an, dann haben Sie es geschafft. Sie sagen „So ist brav, SITZ und BLEIB", gehen zur Tür und lassen den Hund hinter sich sitzen. Sie öffnen die Tür, empfangen Post oder Verwandte und haben keinen Zirkus mehr (außer vielleicht mit den Besuchern, aber das ist eine andere Geschichte). Sie müssen wirklich stur bleiben und Geduld haben.
Leider ist diese Übung deshalb so schwierig, weil alle netten Menschen auch Hunde mögen und ihnen die Hände entgegenstrecken. Weil das so ist, springt der Hund auch gern die netten Menschen an. Er macht keinen Unterschied zwischen Jeans und Seidenkleid. „Ach, lass nur, er ist ja so süß!" ...

12 Bei Fuß durch die Wohnung

Wer sagt denn, dass man draußen erst mit dem FUSSGEHEN beginnen muss, wo alles sooo spannend ist? Wenn Sie in der Wohnung etwas zu erledigen haben, nehmen Sie den Hund doch einfach mit. Diese Übung können Sie gar nicht oft genug machen.

1. Rufen Sie Ihren Hund zu sich, gerne mit „L",
2. klopfen Sie lockend an Ihr Bein und gehen Sie rückwärts, bis er kommt.
3. Fordern Sie ihn mit einer Körperdrehung und Klopfen zum Mitkommen auf.
4. Wenn er kurz BEI FUSS (neben Ihnen) gegangen ist,
5. werfen Sie ein „L" hinter sich,

6. dann voraus – lassen Sie ihn einen Augenblick jagen: SUCH SCHÖN.
7. Dann rufen Sie ihn wieder zu sich,
8. gehen BEI FUSS über die ausgelegten Matten,
9. gehen mit ihm zusammen durch den PET-Flaschen-Parcours,
10. und lassen ihn über zwei Tomatenkisten springen.
11. Dann sagen Sie SITZ und BLEIB, gehen zur Tür, öffnen und schließen sie wieder.
12. Schicken Sie Ihren Hund auf seinen Platz und geben Sie ihm eine „Pausenrolle" (siehe S. 89).

13 Ab durch die Beine

1. Locken Sie Ihren Hund mit einem Leckerchen durch die Beine, links und rechts.
2. Heben Sie bei dieser Übung alles auf, was am Boden liegt.
3. Kündigen Sie Ihren Gymnastikkurs!

Ben folgt zuerst einmal Sigis Hand mit „L" durch die Beine, sie bewegt sich langsam vorwärts.

14 Eine Runde Dreh-dich

1. Nehmen Sie ein „L" und lassen Sie Ihren Hund sich drehen,
2. indem Sie über seinem Kopf mit dem „L" eine Drehbewegung machen,
3. linksherum und rechtsherum.
4. Probieren Sie es nur mit dem Finger, ohne „L", ob er es schon kann.

15 Die Rolle

1. Ihr Hund liegt gerade einmal gemütlich auf dem Teppich und streckt alle viere in die Luft.
2. Nehmen Sie die Beine vorsichtig und legen Sie sie auf die andere Seite (unbedingt auf die Anatomie achten – keine Knoten machen!).
3. Sagen Sie ROLLE und schieben Sie gleich ein „L" hinterher.
4. Spielen Sie kurz mit ihm. Wenn er liegt, ziehen Sie ein „L" an seinem Kopf so vorbei, dass er sich recken/rollen muss.
5. Viele Kinder bringen ihrem Hund sehr gern die Rolle bei. Aber Vorsicht: Nicht an den Beinen ziehen – auf freiwillige Mitarbeit achten!

16 Sitz und Bleib vor der Treppe

1. Sie wollen die Treppe (das Schlafzimmer usw.) betreten, der Hund soll Ihnen aber nicht folgen.
2. Lassen Sie ihn vor der Treppe SITZ und BLEIB machen.
3. Wenn Sie die Übung beginnen, legen Sie ruhig ein Stück Matte und einen Kauknochen dazu und gehen nur zwei Schritte auf der Treppe.
4. Möchte er Ihnen mit dem Knochen folgen, schnappen Sie sich den Kauknochen und legen ihn auf den Platz, auf dem er bleiben soll.
5. Er hat die Wahl: Bleiben mit Knochen – oder Nachkommen, aber dann ist der Knochen weg.

Meister fallen nicht vom Himmel

Nehmen Sie sich Zeit, es immer wieder zu üben, und zwar lebenslang, alle paar Tage, jeden Tag, wie Sie wollen. Hunde finden diese Übungen sowieso toll. Der Weg ist das Ziel: Es wird jeden Tag ein bisschen besser. Nicht die Perfektion macht den Meister, sondern die Geduld und die Überlegung, wie Sie es Ihrem Hund beibringen.

PLATZ und BLEIB oder SITZ und BLEIB vor der Treppe oder dem Zimmer wird zum Spiel während der Hausarbeit.

17 Platz auf der Hundedecke

Nehmen Sie ein paar „L" und packen Sie ein schönes Paket. Dafür eignen sich Eierkartons, alte Tüten, Zeitungen. Drehen Sie alles fest zu und sagen Sie SUCH SCHÖN. Sie dürfen die Zeit jetzt für sich nutzen! Machen Sie so viele Pausen, wie Sie möchten. Dann kommt nichts mehr in den Napf!

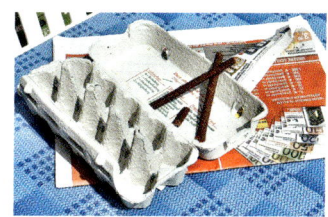

Der Liebling aller Besucher

PLATZ und BLEIB ist eine wunderbare Übung, z. B. wenn Besuch kommt, der nicht angesprungen werden soll. Viele verlangen es von ihrem Hund, wenn der Besuch schon da ist. Seien Sie schlau – trainieren Sie vorher und ernten dann viele „Ohs und Ahs".

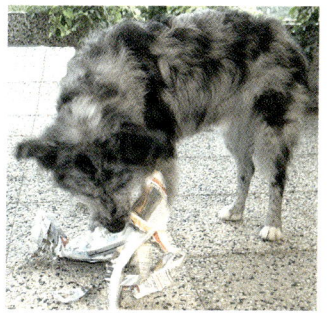

1. Zuerst mit einem Paket, einem Kauknochen oder der Streichkäseküchenrolle trainieren.
2. PLATZ und BLEIB auf der Decke, Kauknochen oder Ähnliches dazulegen.
3. Einen Schritt entfernen, gleich wieder zurückkommen und loben.
4. Sollte Ihr Hund wider Erwarten den Kauknochen im Stich lassen, führen Sie ihn geduldig wieder zurück.
5. Schlaue Hunde kommen samt Kauknochen hinter einem her.
6. Bringen Sie Hund und Kauknochen ohne Aufhebens zurück: PLATZ.
7. Einen Bogen um die Decke gehen: BLEIB und loben.
8. Seien Sie auf jeden Fall wieder beim Hund, ehe er aufstehen will, damit Sie ihn loben können!
9. Lassen Sie Ihren Hund immer einmal wieder PLATZ und BLEIB vor einem Zimmer machen.
10. Wenn Sie nicht so viele Zimmer haben, nehmen Sie die Couch, den Kühlschrank oder einen Stuhl.

Shadow liebt das Pausenpaket: In Zeitung, Pappkartons, alten Briefumschlägen, Eierkartons spannend verpackte Leckerchen.

Das Schöne an dieser Übung ist, dass der Hund das Bleiben spielerisch lernt und nicht unter Zwang, wenn der Besuch schon beschmutzt ist. Wir lehren unsere Kinder im stillen Kämmerlein mit Messer und Gabel zu essen, nicht erst im Lokal – obwohl ich da auch manchmal meine Zweifel habe.

18 Goo um den Tisch

1. Zeigen Sie Ihrem Hund GOO (siehe S. 47), zuerst um einen Putzeimer.
2. Dann nehmen Sie sich den Tisch vor.
3. Bald kann Ihr Hund alles umrunden,
4. auch Ihren Mann, wenn er müde von der Arbeit kommt – das hat ihm dann gerade noch gefehlt.

19 Futter jagen

Blickkontakt fördern und FANG.

1. Ihr Hund macht SITZ und BLEIB.
2. Entfernen Sie sich zwei Schritte.
3. Er soll das „L" zuerst mit den Augen verfolgen – hoch und runter,
4. links und rechts.
5. Geben Sie ihm das „L" entweder aus der Hand,
6. oder Sie geben das Signal SITZ und BLEIB,
7. werfen ihm das „L" zu und sagen FANG.

Heute wird das Futter erarbeitet, gefangen und gejagt – es kommt nichts in den Napf –, Ihr Hund wird begeistert sein.

20 Durch alle Zimmer

Sie brauchen: höchstens 5 Minuten, dafür aber jeden Tag, besonders bei Ziehhunden, die sich ins Halsband oder Geschirr hängen. Diese Übung ist besonders für Hunde geeignet, die sich draußen leicht ablenken lassen.

1. Legen Sie an verschiedenen Stellen ein „L" hin, ohne dass Ihr Hund es sieht.
2. Nehmen Sie Ihren Hund an die Leine.
3. Machen Sie mit Ihm einen Spaziergang durch die Wohnung. Sprechen Sie mit ihm durch, was Sie heute kochen, egal, er sollte Sie ansehen und mitgehen.
4. Nach und nach finden Sie die „L", Ihr Hund macht SITZ und bekommt es aus Ihrer Hand.
5. Er sollte Sie aufmerksam ansehen und nicht ziehen. Sonst gibt es nichts.
6. War er gut, geht es auf den Platz mit dem Kauknochen oder dem Paket zum Auspacken, und Sie gehen nun allein Ihrer Haushaltswege.

Sigi übt mit Ben Bei-Fuß-Gehen in der Wohnung – ohne viel Ablenkung. Drinnen übt, wer draußen bald ein Meister ist.

21 Spielzeug suchen

1

2

3

1. Ihr Hund macht SITZ und BLEIB.
2. Zeigen Sie ihm ein Spielzeug und wiederholen Sie mit Handzeichen SITZ und BLEIB.
3. Wenn Ihr Hund nicht bleibt, lassen Sie ihn von einer Person festhalten.
4. Gehen und verstecken Sie es.
5. Gehen Sie zurück: immer noch SITZ und BLEIB.
6. Jetzt sagen Sie ganz munter: SUCH SCHÖN, und schicken ihn los.
7. Also, wenn er es jetzt bringt und sich freut, haben Sie eine tolle Übung für die Stunde, in der Sie die Sachen Ihrer Lieben aufräumen.

22 Hinter mir in der Wohnung

1. Nehmen Sie ein Leckerchen in Ihre Hand.
2. Locken Sie Ihren Hund hinter sich.
3. Er frisst Ihnen das „L" aus der Hand und läuft Ihnen nach.

23 Sitz hinter verschlossener Tür

1. Ihr Hund ist mit einem Familienmitglied zur „Leistungskontrolle" in einem Zimmer.
2. Sie gehen in den nächsten Raum und schließen die Tür.
3. Sagen Sie laut SITZ. Wenn er es macht, prima, dann hat er auch das Wort verstanden.
3. Sagen Sie laut PLATZ – hat es funktioniert? Bravo!

Körpersprache

Der Hund erschließt sich die Welt zuerst mit der Nase, dann mit den Augen und zuletzt mit den Ohren. (Leider versuchen es viele Herrchen und Frauchen zuerst mit Worten, das ist jedoch sinnlos.) Deshalb ist Körpersprache so wichtig. Wenn der Hund bei fehlendem Sichtkontakt, also ohne Körpersprache, Signale ausführt, hat er auch das Wort verstanden. Das ist eine tolle Leistung.

Ich gehe mit dem Signal BLEIB durch die Tür. Hinter der Tür sage ich laut SITZ, Shadow hat den Sinn des Wortes genau verstanden.

24 Leckerchen-Parcours

Der L-Parcours ist die ideale Übung für alle Bürohunde.

1. Legen Sie „L" aus, vielleicht auf die Matten.
2. Gehen Sie mit Ihrem Hund an allen „L" BEI FUSS und an der Leine vorbei, ohne dass er sie nimmt, evtl. mit NEIN erinnern.
3. Wenn er es geschafft hat, schicken Sie ihn erneut auf Tour mit SUCH SCHÖN, dann darf er alle fressen.
4. Machen Sie Ihrem Hund ein großes Paket aus alten Umschlägen, Pappe und Papier, in dem Sie einige „L" verstecken.

25 Leckerli verstecken & suchen

1. Ihr Hund schaut nicht zu (machen Sie einen Augenblick die Tür zu).
2. Verstecken Sie überall „L" (das kann ruhig ziemlich schwierig werden, z. B. auch unter einem Schrank oder auf einem Stuhl).
3. Schicken Sie Ihren Hund mit SUCH SCHÖN voran.
4. Wenn er die Übung kennt, wird er das Türenschließen lieben lernen.

Wichtig

Vom Boden fressen

Nur SUCH SCHÖN erlaubt es dem Hund, etwas Fressbares vom Boden zu nehmen. Wenn wir kein SUCH SCHÖN verwenden, füttern wir grundsätzlich nur aus der Hand.

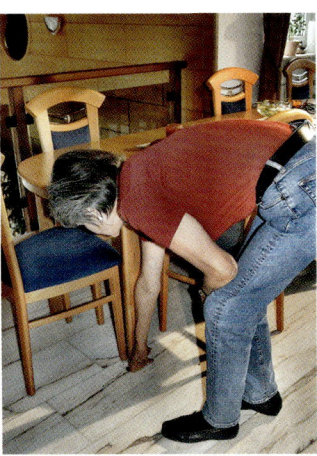

26 Sockenspiel

Sie brauchen: jede Menge alter Socken.

1. Stecken Sie ein „L" in eine Socke.
2. Mischen Sie alle Socken gut durcheinander.
3. Sagen Sie SUCH SCHÖN.
4. Wenn Ihr Hund die Socke gefunden hat, sagen Sie AUS, indem Sie ein „L" gegen die Socke tauschen.

Variationen
Sie lassen sich die Socke bringen.
Sie lassen sich die Socke bringen und in die Hand legen usw.
Machen Sie diese Übung sehr körpernah, damit Ihr Hund nicht mit der Socke flitzen geht. Er sollte keine Beute machen, sondern teilen.

27 Leckerchen unterm Becher

Für Anfänger
Ein Becher, „L" darunter, SUCH SCHÖN.

Für Fortgeschrittene
Mehrere Becher, aber nur „L" unter einem Becher verstecken.

Für Superhirne
Nehmen Sie eine runde Schüssel und verstecken Sie ein „L" darunter. Der Hund kann die Schüssel nicht herumdrehen, sondern muss sie gegen eine Wand drücken, um an das „L" zu kommen.

Für Genies
Der Hund macht vor Ihnen SITZ mit zwei Schritten Abstand. Sie haben zwei Becher mit zwei „L" rechts und links von sich stehen. Sie deuten nach rechts und sagen SUCH SCHÖN. Er kann's? Wau!

28 Gib fünf – Ende des Spiels

1. Ihr Hund gibt „Pfote"? Das ist ein Anfang.
2. Klemmen Sie ein „L" zwischen die Finger.
3. Reichen Sie Ihrem Hund die Handfläche und sagen Sie: GIB FÜNF.
4. Um an das „L" zu kommen, macht er die Pfote gerade.
5. Sie kommen ihm mit der Handfläche entgegen, und schon haben
   Sie den beliebten Sportlergruß.

So, jetzt wird es aber wieder Zeit, dass Sie mit Ihrem Hund hinaus-
gehen und eine Schnüffelrunde einlegen. Sonst sind Sie beide zu
müde dazu. Morgen ist auch noch ein Tag für viele wundervolle
Spiele zu zweit.

29 Doktorspiele – für die Seele

Dies ist eine Übung, mit der Sie Ihr Gefühl für Ihren Hund schulen.
Haben Sie einen Welpen, können Sie gleich damit beginnen.

> Stellen Sie Ihren Hund auf einen Tisch, der mit einer rutschfesten
  Unterlage bedeckt ist. Es gelingt selten, den Hund am Boden zu
  pflegen, weil er gern wegläuft.
> Schließen Sie kurz die Augen.
> Streicheln Sie ihn betont langsam und hochkonzentriert. Erfühlen
  Sie Filz, Knötchen oder Zecken? Augen wieder auf!
> Fahren Sie mit dem Finger tief durch die Ballen der Pfoten, ob sich
  Kaugummi, Filz oder Samen (gefährlich: Grannen) darin verfan-
  gen haben.
> Fühlen Sie in den Achselhöhlen, ob sich Filz darin befindet.
> Stellen Sie sich hinter den Hund und umfassen Sie den Vorderlauf
  mit der Hand. Wenn Sie fühlen, dass Ihr Hund das Gewicht ver-
  lagert hat, klappen Sie die Pfote nach hinten. Nicht seitwärts
  drehen! Die meisten Hunde sind an den Vorderläufen sehr emp-
  findlich, weil viele Hundebesitzer nach dem Bein grapschen und
  sich nicht die Erlaubnis holen, den Fuß zu bearbeiten. Als Hunde-

friseurin darf ich bei vielen Hunden unangenehme Dinge tun, wie
Ballen freischneiden, Zecken, Kletten und Filz entfernen oder die
Krallen schneiden. Alles Berührungen, die sich die Hunde zu
Hause meist nicht gefallen lassen.

> Prüfen Sie, ob die Krallen noch keine Bodenberührung haben,
  damit der Hund störungsfrei laufen kann. Dazu schieben Sie ein
  Stück Pappe unter den Krallen entlang. Sie sollte nicht hängen
  bleiben, sondern sich glatt durchziehen lassen.
> Befreien Sie Ihren Hund täglich unter dem Schwanz von Kotresten,
  besonders, wenn er langhaarig ist. Dazu nehmen Sie einen groß-
  zinkigen Kamm. Schneiden Sie vorsichtig den After frei. Innen links
  und rechts der Hoden oder des weiblichen Geschlechtsteils finde
  ich immer wieder Filz und Verunreinigungen.
> Schauen Sie in die Ohren und prüfen Sie den Geruch. Prägen Sie
  ihn sich ein, um Veränderungen feststellen zu können.
> Hunde riechen selten aus dem Magen. Wenn Sie Maulgeruch
  feststellen, hat Ihr Hund vielleicht Zahnstein, der unter Narkose
  entfernt werden muss.

Wenn nichts zu finden ist – umso besser! Aber nun sind Sie in der
Lage, Anormales sofort festzustellen und es entweder selbst oder
durch den Tierarzt beheben zu lassen.
Auch dieses „Doktorspiel" gehört zu den positiven Beschäftigungen
und zur Zuwendung. Es muss nur langsam und spielerisch geschehen
– sparen Sie nicht mit Pausen und FLL.

Shadow steht geduldig auf
einer Bank. Gründlich werden
seine Pfoten kontrolliert. Eine
wichtige Übung für das Wohl-
befinden des Hundes.

Doktorspiele

30 Shadows Lieblingsübungen

Die folgenden Übungen wurden von Shadow getestet und zum Nachspielen freigegeben. Ob Herrchen nach der Post ruft, er mit Frauchen sein Spielzeug aufräumt oder sich selbst abtrocknet – Shadow ist für jeden Unsinn zu haben.

Tipp

Unverpackte Leckerchen bringen

Das kann Shadow über zwei Stockwerke: Er bringt das „L" zu Norbert, der gibt ihm die Hälfte und schickt ihn mit der anderen Hälfte wieder zu mir – Labradore, ich hör euch stöhnen!

Post bringen

Morgens bringt Shadow die Zeitung an den Frühstückstisch, damit Herrchen nicht aufstehen muss. Dafür bekommt er selbstverständlich ein Leckerchen. Er bringt aber auch einen Zettel mit einer Nachricht oder einen Korb zu einem Empfänger, der nicht unbedingt Herrchen sein muss. Geheime Botschaften werden so schnell übermittelt – auch vom Haus in den Garten und zurück.
Gehen Sie wie bei der Übung 30 „Such verloren und Bring" (siehe S. 65) beschrieben vor. Geben Sie allen Gegenständen einen Namen. Bald wird Ihr Hund Ihnen die Zeitung bringen, das Handy, die Schuhe oder was Sie sonst noch möchten.

Machen Sie das Aufräumen zum Spiel. Jeder Gegenstand bekommt einen Namen und wird vom Hund geholt und in einen Korb gelegt. Das freut nicht nur Ihren Hund, sondern ganz besonders auch Ihren Rücken.

Spielzeug aufräumen

Shadow apportiert sehr gern. Ich habe ihm, als er mir einen Ball gebracht hat, seinen Spielzeugkorb unter die Schnauze gehalten und AUFRÄUMEN gesagt. Er hat den Ball in den Korb fallen lassen. Heute geht es auch mit Handzeichen.

Abtrocknen

Wenn wir nass nach Hause kommen, wird Shadow abgeduscht. Ich breite ein Handtuch auf dem Boden aus, sage ABTROCKNEN. Er wirft sich nun äußerst komisch auf das Handtuch und reibt sich trocken.

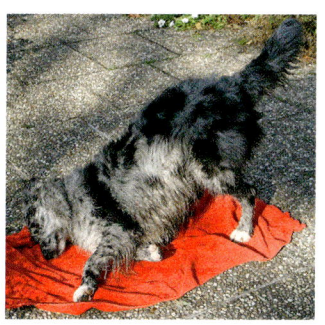

Service

Zum Weiterlesen

Bailey, Gwen: **Was denkt mein Hund?**
Hundeverhalten auf einen Blick. Kosmos 2005

Blenski, Christiane: **Das lernt mein Hund.**
Hundeerziehung auf einen Blick. Kosmos 2008

Blenski, Christiane: **Hunde erziehen, ganz entspannt.**
Der Einsteigerkurs. Kosmos 2005

Blenski, Christiane: **Hundespiele.**
Frische Spielideen für fröhliche Hunde. Kosmos 2007

Krauß, Katja: **Hunde erziehen mit dem Clicker.** Kosmos 2006

Lübbe-Scheuermann, Perdita & Frauke Loup: **Unser Welpe.**
Alles über Auswahl, Haltung und Erziehung – für einen
gelungenen Start. Kosmos 2006

Lübbe-Scheuermann, Perdita & Ulrike Thurau: **Das Kosmos-Buch
vom Apportieren.** Such und Bring! Beschäftigung für alle Hunde.
Kosmos 2007

Mücke, Anke: **Zufrieden an der Leine.**
Der Weg zum leinenführigen Hund. Kosmos 2007

Schöning, Dr. Barbara: **Hundeverhalten.** Kosmos 2008

Schöning, Dr. Barbara, Nadja Steffen & Kerstin Röhrs:
Hilfe, mein Hund jagt. Wie man das natürliche Jagdverhalten
in richtige Bahnen lenken kann. Kosmos 2007

Theby, Viviane: **Verstehe deinen Hund.**
Kommunikationstraining für Hundefreunde. Kosmos 2006

Winkler, Sabine: **Trainingsbuch Hundeerziehung.**
Hundetraining planen, gestalten und optimieren. Kosmos 2006

Zum Weiterklicken

Mehr von Shadow
www.wpm-media.com

Aktiv mit Hund
www.agility.de
www.clicker.de
www.dogdance.de
www.discrockers.de
www.flyball.de
www.obedience.de

Nützliche Adressen

Verband für das Deutsche
Hundewesen e.V. (VDH)
Westfalendamm 174
44141 Dortmund
Tel.: 0231-565000
Info@vdh.de
www.vdh.de

Österreichischer Kynologen-
verband (ÖKV)
Siegfried Marcus-Str. 7
A-2362 Biedermannsdorf
Tel.: 0043 2236-710667
office@oekv.at
www.oekv.at

Schweizerische Kynologische
Gesellschaft (SKG)
Geschäftsstelle
Brunnmattstr. 24
CH-3007 Bern
skg@skg.ch
www.skg.ch

Deutscher Hundesportverband
e. V. (dhv)
Gustav-Sybrecht-Straße 42
44563 Lünen
Tel.: 0231-878010
www.dhv-hundesport.de

Berufsverband der Hunde-
erzieher/innen und Verhaltens-
berater/innen (BHV)
Eichenweg 2
65527 Niedernhausen
Tel.: 06192-9581136
info@bhv-net.de
www.bhv-net.de

Über die Autorin

Als Stadtkind aufgewachsen, fesselten Inge Büttner-Vogt die
Themen Hund und Natur seit ihrer Kindheit. Angefangen hat
es mit Nachbarhunden, die sie ausgeführt hat. Sie half auf
einem Hundeplatz und lernte dort die Airedale-Züchterin
Friedel Michaelis kennen, deren Hunde sie ausbildete und die
sie bei der Welpenaufzucht unterstützte. Als Friedel Michaelis
schwer erkrankte, setzte sie Inge Büttner als Erbin ihrer sechs
Airedale-Terrier ein. Mit Hilfe eines pensionierten Forstamtsrates
brachte sie diese Hunde auf den rechten Weg, und sie wurden
alle gute Familienhunde. Diese Arbeit setzte sie fort, bildete sich
in zahlreichen Seminaren weiter, warf mehrfach alles Gelernte
über Bord und entwickelte ihre eigene Erziehungsmethode.
Geistige Beschäftigung, eigener Spieltrieb, Respekt und viel
Bewegung hilft Probleme zu vermeiden.

Bildnachweis

Mit 222 Farbfotos, die von Hans Werwatz (www.wpm-media.com) eigens für dieses Buch aufgenommen wurden.

Impressum

Umschlag von eStudio Calamar unter Verwendung von vier Farbfotos von Heike Schmidt-Röger (1: Vorderseite) und Hans Werwatz (3: Rückseite).

Mit 222 Farbfotos.

Alle Angaben und Methoden in diesem Buch sind sorgfältig erwogen und geprüft. Sorgfalt bei der Umsetzung ist indes doch geboten. Verlag und Autorin übernehmen keinerlei Haftung für Personen-, Sach- oder Vermögensschäden, die im Zusammenhang mit der Anwendung und Umsetzung entstehen könnten.

Gedruckt auf chlorfrei gebleichtem Papier

Unser gesamtes lieferbares Programm und viele weitere Informationen zu unseren Büchern, Spielen, Experimentierkästen, DVDs, Autoren und Aktivitäten finden Sie unter www.kosmos.de

© 2008, Franckh-Kosmos Verlags-GmbH & Co. KG., Stuttgart
Alle Rechte vorbehalten
ISBN 978-3-440-11235-9
Redaktion: Hilke Heinemann
Gestaltungskonzept: eStudio Calamar
Produktion: Eva Schmidt
Printed in Germany / Imprimé en Allemagne